Bruckmanns

Fahrradwerkstatt

Bruckmanns

Fahrradwerkstatt

Wartung und Reparatur aller Radtypen
einfach, preiswert und selbst gemacht

Uli Preunkert · Tina Pöschl (Trekking-/Citybike)
Philipp Krieger (MTB) · Heinz Gsottberger (Rennrad)

BRUCKMANN

Inhalt

Die Fahrradwerkstatt

Fahren Sie noch oder radeln Sie schon? So könnte man einen bekannten Werbeslogan passend umtexten, denn Radfahren ist derzeit Trendsport Nummer eins – und das Fahrrad hat längst den Nimbus des reinen, zweckmäßigen Fortbewegungsmittels verloren. Ob aus Umwelt- oder Körperbewusstsein, aus Spargründen, Parkplatzmangel, zur Style- und Imagepflege oder einfach aus (wieder entdeckter) Liebe zur Natur: Die Motivationen, aufs Rad zu steigen, sind so vielfältig wie die Modelle, die es gibt. Denn nie zuvor existierten so viele Radtypen wie heute: Radbegeisterte haben die Wahl – und manchmal die Qual der Wahl – zwischen City-, Trekking- oder Fitnessbike, Beachcruiser oder Hollandrad, Mountainbike oder Rennrad.
Dabei ist diese Entwicklung noch gar nicht so alt. Viele von Ihnen, liebe Leser, haben bestimmt noch Erinnerungen daran, wie sie als Kind täglich auf irgendeinem rostigen Drahtesel ganz ohne Gangschaltung die Hügel des Schulwegs meistern mussten oder wie stolz sie auf ihr erstes »Sportrad« mit Fünf-Gang-Schaltung waren – mit einem Schalthebel ohne Rasterung und Ganganzeige am Oberrohr. Und heute? Heute haben selbst traditionelle Hollandräder oder Kinderbikes sieben Gänge mit Grip-Shift, die modernen Stadträder – genannt Citybikes – kurbeln standardmäßig mit 21 Gängen durch den Groß- und Kleinstadtdschungel; es gibt präzise klickende Daumenhebel, für Rennräder die ausgeklügelte Technik der Bremsschalthebel plus Dreifachkettenblatt und Elffachritzel und brandneu, sogar eine elektronische Schaltung.

Auslöser dieses Quantensprungs der Fahrradtechnik und der neuen Beliebtheit des Zweirads war sicher der Boom der Mountainbikes, von manchen Alpinisten bis heute scherzhaft-trotzig »Bergradl« genannt , der in den 80er- und 90er-Jahren aus den USA nach Deutschland schwappte. Dieses Fahrrad mit den dicken Reifen eröffnete Radsportlern ganz neue Möglichkeiten. Auf anfangs ungefederten, aber sehr soliden und dennoch möglichst leichten Rahmen wurde neues Terrain erobert. Auf Wegen, die bis dato gerade mal als wanderbar galten, konnte man plötzlich wunderbar »biken« (auch dieses Wort war neu) – bergauf wie bergab. Die gesteigerten Anforderungen an Fahrtechnik und Körperbeherrschung brachten für manch einen den besonderen Extra-Kick. Bald lieferte die Federgabel mehr Komfort, dann kam das Fully. V-Brakes wurden von Hydraulikbremsen abgelöst, heute sind Scheibenbremsen state of the art. Und: Das Engagement eines japanischen Komponentenherstellers, der neue, bessere Schaltungen mit schlauen Über- und Untersetzungen entwickelte und erschwinglich machte, kurbelte den Wettbewerb an und machte das Treten schlichtweg müheloser.
Die Folge der technischen Fortschritte: Radfahren brachte noch mehr Menschen großen Spaß oder zumindest mehr Genuss – durch leichtere Rahmen, optimierte Sitzpositionen und bessere Gangschaltungen in allen Fahrradsparten. So kann heute jeder – und wirklich jeder! – das für ihn perfekte Fahrradmodell finden, und nicht wenige Menschen haben auch zwei oder sogar drei verschiedene Arten zu Hause stehen.

Doch was, wenn das perfekte Fahrrad plötzlich nicht mehr perfekt ist? Weil es defekt ist? Ein Platter im Reifen, eine verstellte Schaltung, ein Seitenschlag in der Felge, nicht funktionierende Bremsen, Lichter oder eine gerissene Kette? Dann ist es egal, ob es schwarz oder weiß ist, eine Hightech-Rennmaschine oder ein solides Citybike: Es muss repariert werden. Doch die Reparaturwerkstätten sind oft bereits ab Frühjahr überlastet. Fahrräder, die im Versandhandel gekauft wurden, sind in kaum einem Radgeschäft gern gesehene Reparaturgäste, und schon ein simpler Schlauchwechsel kostet etwa so viel wie ein nettes Abendessen beim Italiener. Außerdem muss man dann meist mindestens eine Woche auf das geliebte »Cabrio« verzichten. Also: Warum nicht selber machen?
Ziel dieses Buches ist: Wir möchten unseren Lesern, die keine Bike-Spezialisten sind, sondern einfach gerne Fahrrad fahren und sich ein bisschen für die Technik interessieren, zeigen, wie ihr Fahrrad funktioniert und wie man es günstig, schnell und problemlos selbst reparieren oder auch aufpeppen kann. Sie brauchen dafür keine komplett ausgestattete Profiwerkstatt. Denn schon mit wenig Werkzeug kann man viel selber machen. Dies ist das erste Werkstattbuch, das alle drei Haupttypen – City-/ Trekkingrad, Mountainbike und Rennrad – in einem Band behandelt und für alle typischen und häufig auftretenden Defekte eines Fahrradlebens Lösungen bietet.
Für alle, die noch unentschlossen sind, welches Fahrrad für sie das richtige ist, enthält jedes Kapitel nach der Erläuterung der Grundkenntnisse und Fachbegriffe eine ausführliche Kaufberatung. Hier wird geklärt, für wen und welche Ansprüche sich dieser Fahrradtyp am besten eignet. Wir beschreiben die Basisausrüstung einer kleinen Fahrradwerkstatt, erklären, welche Sicherheitschecks Sie vor einer Tour durchführen sollten, und welches Werkzeug auf eine längere Ausfahrt mitmuss. Wir gehen jedoch nicht nur auf die Grundlagen der Fahrräder ein, sondern ebenso auf sinnvolles Zubehör, Radpflege und Feinheiten wie modernes Hightech in den Materialien (etwa Carbonteile und -rahmen), die Feinmechanik in den Dämpfern bei Mountainbikes oder die solide Technik bei Reiserädern, die über Tausende von Kilometern am Stück verlässlich ihren Dienst tun.
Den größten Raum nehmen dann freilich die Werkstatt-Tipps ein. Für jede Fahrradsparte finden Sie ausführliche, bebilderte Anleitungen, wie man das Fahrrad richtig einstellt – von der Sitzposition über Bremsen und Schaltung bis zum Dämpfer – und wie sich die klassischen, immer wieder auftretenden Defekte korrekt beheben lassen.
Doch wir ziehen mit unserem Buch auch ganz klar eine Grenze: Sehr komplizierte, kniffelige Reparaturen an teurem Material oder mit teuren Ersatzteilen sind meist doch ein Fall für Spezialisten – und damit für den Fachhandel. Und das sagen wir auch. Denn wir möchten nicht, dass Sie sich stundenlang abmühen und hinterher ärgern, dass es doch nicht funktioniert. Sie sollen auch Spaß haben am Basteln, stolz auf sich sein, wenn alles wieder läuft, und ganz bald wieder in die Pedale treten können. Man könnte den Werbeslogan von ganz oben ja auch noch ein bisschen anders formulieren: Basteln Sie noch oder radeln Sie schon?
In diesem Sinne: Wir wünschen viele interessante und aufschlussreiche Stunden beim Lesen und Werkeln – und viele, schnelle Erfolge mit Ihrer eigenen, kleinen Fahrradwerkstatt!

City-/Trekkingbike

Dürfen wir vorstellen? Die Lieblinge der Deutschen! Laut aktueller Statistiken des Fahrradmarktes sind 28 Prozent der verkauften Fahrräder in Deutschland Trekking- oder Reiseräder, dicht gefolgt vom City- oder Stadtrad mit 27 Prozent Marktanteil. Kein Wunder: Das Trekkingbike macht auf Asphaltstraßen ebenso wie auf Forstwegen eine gute Figur, das Cityrad ist der perfekte Begleiter in der Stadt, denn es spart Spritkosten und erspart einem die Parkplatzsuche. Und: Beide leisten ganz nebenbei Großes, denn schon mit ein bisschen mehr Bewegung an der frischen Luft kann jeder ganz nebenbei seiner Gesundheit viel Gutes tun.

SCHWALBE

Citybike

Das Citybike oder Tourenrad ist ideal für kurze Distanzen, da es bequemes und komfortables Sitzen gewährleistet und eher alltagstauglich als sportlich ist. Für eine längere Tour mit der ganzen Familie kann das Citybike jederzeit hergenommen werden. Als reines Reiserad ist es allerdings nicht geeignet, da es andere Einsatzgebiete und Anforderungen hat, wie wir in diesem Kapitel näher erläutern wollen.

Folgende Merkmale zeichnen das Citybike aus:

- Durch seinen großen Radstand läuft es ruhig geradeaus.
- Es hat einen stabilen Rahmen, der fast immer aus Aluminium und selten aus Stahl besteht.
- Es verfügt über eine komplette StVZO-Ausstattung.
- Die Sitzposition ist konsequent aufrecht; der Sattel gepolstert und weich.
- Als Damenrad hat es einen tiefen Einstieg für unbeschwertes Auf- und Absteigen.
- Auf Wunsch gibt es Federungssysteme für Sattelstütze, Gabel und in seltenen Fällen für das Hinterrad.
- Überwiegend gibt es die Räder mit 7-, 8- und 9-Gang-Naben- oder Kettenschaltung.
- Das Gewicht liegt zwischen 15 und 20 Kilogramm.
- Für jeden Geschmack gibt es die passende Rahmenform.
- Körbe und Kindersitze können leicht montiert werden.
- Des Weiteren verfügt das Citybike meist über einen geschlossenen Kettenkasten, Rockschutz, Reifen (ab 13/8 x 1 5/8, oft 28 x 1 1/2) sowie Metallschutzbleche und Lichtanlage. Das sogenannte Hollandrad ist eine Form des Citybikes.

Trekkingbike

Das Trekkingbike ist der Allrounder unter den Rädern. So lässt es sich auf breiter sportlicher Ebene auf Asphalt und im Gelände einsetzen.
Meist verfügt es über eine Mountainbike-Ausstattung und einen Rahmen, der dem eines größeren und schlankeren Mountainbikes ähnlich ist. Die Reifen sind für leichtes Gelände (Schotter, Waldwege) ausgelegt und dicker als bei einem Rennrad, aber auch wesentlich dünner als bei einem Mountainbike. Häufig entsprechen Trekkingbikes auch den gesetzlichen Anforderungen für den Einsatz im Straßenverkehr (Dynamolicht, Reflektoren usw.) und sind mit Schutzblechen ausgestattet. Die Laufräder sind in der Regel 28 Zoll groß.
Am deutlichsten unterscheidet sich das Trekking- vom Citybike durch die Kettenschaltung, die heute 24 bis 27 Gänge hat.
Je nach Preisklasse werden diese Fahrräder auch gerne mit zusätzlichen Komponenten wie z. B. Nabendynamos, Bügellenker oder Scheibenbremsen ausgestattet.
Durch die Verwendung von Mountainbike-Komponenten sind hochwertige Trekkingbikes trotz Vollausstattung meist deutlich leichter als vergleichbare Citybikes.

Merkmale eines Trekkingbikes im Vergleich zum Citybike:

- Stabiler Rahmen aus Aluminium (oder selten Chrom-Molybdän-Stahl),
- sportlichere Sitzposition durch flach positionierten Lenker ,
- meist StVZO-Ausstattung (Beleuchtung, etc.),
- schmale Aluminium-Felgen mit leicht profilierten, griffigen Reifen,
- häufig Federungssysteme wie Federgabeln und Sattelstützenfederung,
- meist eine 24–27-Gang-Kettenschaltung,
- Gewicht zwischen 11 und 16 Kilogramm.

Lowrider Gepäckträger

Zu alledem kann ein Trekkingrad mit einem oder mehreren Gepäckträgern ausgestattet werden, um Packtaschen daran zu befestigen. So kann der Radler auf längeren Touren oder Radreisen genügend Gepäck mitnehmen. Trotzdem ist das Trekkingbike nicht mit einem Reiserad vergleichbar. Durch das höhere Gewicht des Gepäcks muss man mit rascherem Materialverschleiß und geringerer Fahrstabilität rechnen. Da die Geometrie vieler Trekkingbikes oft nicht auf das Anbringen eines Lowrider-Gepäckträgers abgestimmt ist, kann das Fahrverhalten negativ beeinflusst werden. Randonneur ist der französische Begriff für das Reiserad. Es ist auch mit 50 Kilogramm Gepäck noch gut fahrbar und somit ein speziell für Radreisen konzipiertes Fahrrad. Durch die Verwendung von stärkeren, stabileren Materialien und größeren Wanddicken der Rahmenrohre kann man es größeren Belastungen aussetzen. Belastungsgrenzen für Gepäckträger sind für den hinteren Gepäckträger bis zu 40 Kilogramm, in den meisten Fällen jedoch nur bis 25 Kilogramm. Die Lenkertasche mit integriertem Kartenfenster kann bis zu 2,5 Kilogramm wiegen, ein Lowrider bis zu 12 Kilogramm. Für zusätzliche vordere Gepäckträger sind die Belastungsgrenzen 10 Kilogramm. Die Werte können je nach Hersteller variieren, sollten aber eingehalten werden, um die Lenkbarkeit und die Bremssicherheit des Fahrrades zu gewährleisten. Ein weiterer Unterschied zwischen Reiserädern und Trekkingrädern ist die Rahmengeometrie. Reiseräder haben einen längeren Radstand und somit eine höhere Laufruhe als Trekkingräder.

Grundkenntnisse/Fachbegriffe

Nabenschaltung

Shimano

SRAM Clickbox

Die Gangschaltung, die geschlossen in die Hinterradnabe von Zweirädern eingebaut ist, bezeichnet man als Getriebenabe. Die Getriebenabe zusammen mit den Streuerungseinheiten werden Nabenschaltung genannt. Das Prinzip fand in älteren Motorradgetrieben ebenfalls Verwendung.
Die Unterschiede zu einer Kettenschaltung sind der geschlossene Aufbau innerhalb der Nabe des Hinterrads, der geringe Verschleiß und das geringfügig höhere Gewicht gegenüber einer Kettenschaltung.

Schaltauge

Als Schaltauge bezeichnet man die Verbindung zum Schaltwerk am Ausfallende des Fahrradrahmens. Es dient dazu, den Rahmen vor Beschädigungen durch Stürze zu schützen. Es ist eine sogenannte Sollbruchstelle, die bei einem Sturz entstehende Energie verbiegt oder reißt das Zwischenstück (Schaltauge) ab und lässt den Rahmen und das Schaltwerk unversehrt. Das Problem bei der Neubeschaffung eines Schaltauges ist die Modellvielfalt. Es gib für jeden Rahmen ein spezielles Schaltauge mit einer eigenen Form und unterschiedlichen Anordnungen der Gewinde.

Ventil

Französisches Ventil

Das Ventil ist ein technisches Bauteil an einem Rad. Die lateinische Bezeichnung Ventilation steht für Luftwechsel oder (Be-)Lüftung, demnach dient es dazu, die Zufuhr von Gasen oder Flüssigkeiten zu kontrollieren und die Fließrichtung zu steuern.

Autoventil

Fahrradventil

Bremsen

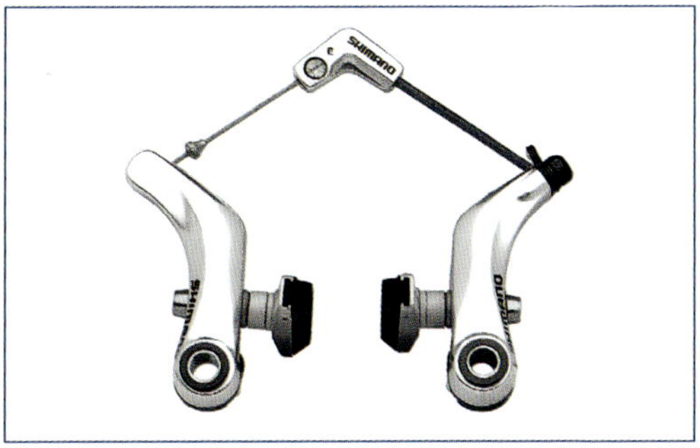

Cantilever

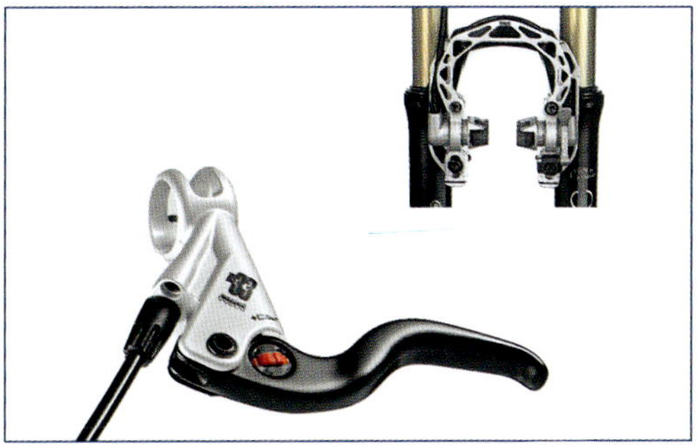

Hydraulische Felgenbremse

Scheibenbremse

Die Bremsen sind eines der wichtigsten Bauteile an einem Fahrrad. Sie dienen der Sicherheit des Fahrers und lassen ihn in wichtigen Situationen zum Stehen kommen. Je nach Kraftrichtung kann man Bremsen unterscheiden. Es gibt neben den radial wirkenden Klotz- und Trommelbremsen die axial wirkenden Scheiben- und Felgenbremsen.

Bei Cantilever-Bremsen erfolgt die Kraftübertragung über einen Seilzug. Modernere Bremssysteme wie hydrauschilsche Felgenbremsen oder Scheibenbremsen nutzen zur Kraftübertragung Hydrauliköl. Diese Bremsen lassen sich sehr gut dosieren und rezuzieren die vom Fahrer aufzubringende Handkraft. Damit können auch längere Abfahrten komfotabel und sicher bewältigt werden.

Straßenverkehrszulassungs-ordnung (StVZO)

Vorgeschriebene Ausstattung für die Verkehrssicherheit:

- Ein weißer fest angebrachter Frontscheinwerfer, ein rotes Rücklicht und ein Dynamo als Stromquelle.
- Ein weißer Reflektor vorne, ein roter Großrückstrahler sowie ein kleinerer Rückstrahler hinten.
- Pro Laufrad sind je zwei Reflektorstreifen oder gelbe Speichenreflektoren/Katzenaugen vorgeschrieben, die man von der Seite gut sehen kann. Auch erlaubt sind ringförmig zusammenhängende weiße Reflektorstreifen auf den Reifen.
- Zwei voneinander unabhängige Bremsen.
- Zwei rutschfeste und fest montierte Pedale, die jeweils mit nach vorn und hinten wirkenden gelben Rückstrahlern ausgestattet sind.
- Eine hell tönende Klingel.

Einzige Ausnahme bilden Rennräder, die weniger als 11 Kilogramm wiegen. Hier muss die Beleuchtung nicht fest am Fahrrad angebracht sein. Es sind auch Batterieleuchten erlaubt. Für den Einsatz bei Radrennen entfällt auch dieser Punkt.

Sinnvolle Zusatzkomponenten, nicht von der StVZO vorgeschrieben

- Hochwertiges Schloss
- Standlichtanlage
- Kettenschutz
- stabiler Gepäckträger
- Schutzbleche gegen aufspritzenden Dreck
- Luftpumpe und Flickzeug/Ersatzschlauch
- Korb
- Ständer
- Satteltasche
- Trinkflaschenhalter
- Tacho

Kaufberatung

Welches Rad zu welchem Zweck?

Es gibt sie in allen Variationen, Farben und Formen, für Damen und Herren, billige Baumarkträder und solche, deren Preis uns einem Herzanfall näher bringt. Bei Fahrrädern gibt es riesige Unterschiede, die Sie sehr schnell und direkt – sowohl körperlich als auch finanziell – zu spüren bekommen können, gerade wenn Sie es tagtäglich im Einsatz haben.
Zum Fahrradkauf gehen Sie am besten in ein Fahrradfachgeschäft und lassen sich dort ausführlich beraten. Dieses Geschäft wird auch nach dem Kauf Ihr Dienstleistungspartner sein – bei Wartung und Reparatur (die Sie anhand dieses Buches künftig teilweise selber ausführen können!) oder beim Ersatzteil- und Zubehörkauf.
Achten Sie nicht nur auf ein hochwertiges Schaltwerk, sondern auch auf die Qualität der restlichen Komponenten, insbesondere der Lager und Schalthebel.
Wenn Sie mit Ihrem neuen Rad regelmäßig zur Arbeit fahren wollen, haben Sie länger Freude daran, wenn Sie Wert auf Qualität legen. Ein brauchbares, ungefedertes Fahrrad können Sie schon ab ca. 500 Euro erwerben. Wenn Sie jedoch mehrere Tausend Kilometer im Jahr zurücklegen wollen, sollten Sie sich für ein hochwertigeres Modell entscheiden, das leicht mehr als das Doppelte kosten kann.

Fahrradtypen – Tourenrad, Rennrad, Mountainbike

Die Vielfalt an Modellen und Typenbezeichnungen bei Fahrrädern ist kaum noch überschaubar, die Unterschiede zwischen den verschiedenen Typen sind fließend. Für den Alltagseinsatz im Nah- und Kurzstreckenbereich kommt ein Stadtrad oder City-

bike in Frage, für längere Strecken und Touren über mehrere Tage eignet sich ein Trekking- oder Reiserad.
Beispiele von Rädern, die es sonst noch gibt:
Crossräder oder Crossbikes sind eine Mischung aus Rennrad und Mountainbike. Sie gelten als die perfekten Allroundräder, die sich sowohl als gutes Citybike als auch für längere Touren eignen. Da sie Eigenschaften beider Radtypen in sich vereinen, gibt es verschiedene Ausstattungen. Für die Geländefahrer gibt es Crossräder mit Federgabeln, ziemlich breiten Reifen, geradem Lenker und Mountainbike-Schaltungen. Die Straßenfahrer hingegen fahren mit

Falt- oder Klapprad

E-Bike

gebogenen Rennradlenkern, Rennradschaltungen und -bremsen.
Das Faltrad oder auch bekannt als Klapprad kann gut in anderen Verkehrsmitteln oder auch als Gepäckstück mitgenommen werden. Das Fahrrad ist mit Scharnieren, Kupplungen und Schnellspannern konstruiert, sodass man es schnell und unkompliziert zusammenfalten oder zerlegen kann.
Das Elektrorad, auch E-Bike genannt, gehört zu den innovativen Fahrzeugen und ist vollkommen alltagstauglich. Es verfügt über einen zusätzlichen oder eingebauten Elektromotor mit einem abnehmbaren Akku. Das Pedelec-Rad, eine Variante des E-Bikes, erhält die elektronische Unterstützung nur durch das Pedalieren. Bis zu einer Geschwindigkeit von 25 km/h ist das Pedelec führerscheinfrei.

Rahmen

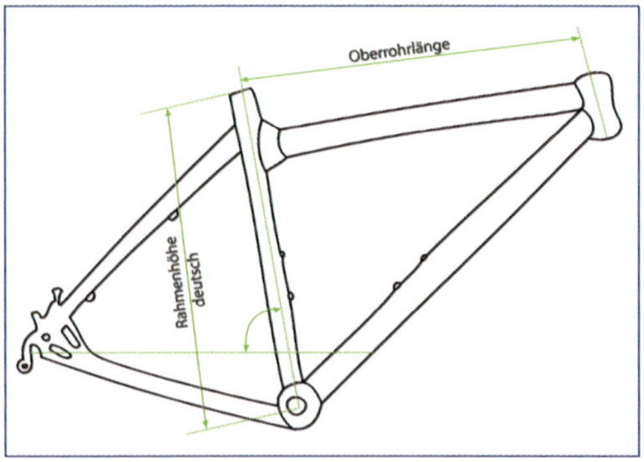

Auf den Fahrradrahmen sollte besonderer Wert gelegt werden. Minderwertige Rahmen verwinden sich beim Fahren und ergeben ein schwammiges Fahrgefühl, das man besonders beim Kurvenfahren merkt. Auch wenn das Rad mit schwerem Gepäck oder einem Kindersitz versehen wird, gerät es leichter außer Kontrolle. Der Rahmen verwindet sich oder das Schwingenlager schlägt sich schnell aus. Hochwertige Rahmen sind leicht, stabil und auch gut lackiert. Leider sieht man einem Rahmen die Qualität (außer dem Lack) nicht an, und wenn man das Bike übers Internet kauft erst recht nicht. Deshalb: Vertrauen Sie auf Markenräder mit Rahmen nach DIN, lesen Sie Testberichte und lassen Sie sich im guten Fachhandel beraten.

Wie hoch muss mein Rahmen sein?

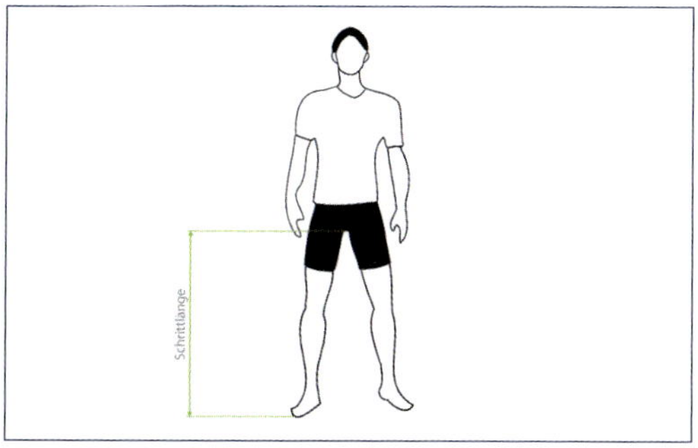

Die Schritthöhe ist für die Bestimmung der Rahmenhöhe der wichtigste Faktor. Aber auch das Verhältnis von Körpergröße zur Schrittlänge sollte nicht außer Acht gelassen werden. Normalerweise können wir die Schrittlänge so bestimmen, z. B.: Körpergröße 180 cm : 2,07 = Schrittlänge 87 cm.

Sie können die Schrittlänge auch mit einem Zollstock ausmessen. Hierfür sollten Sie sich bis auf die Unterwäsche ausziehen inklusive Ihren Schuhen. Achtung: Fahrradhosen mit Sitzpolster verfälschen den Wert! Stellen Sie sich nun mit geradem Rücken an eine Wand oder Tür. Ein Helfer hält eine Wasserwaage und einen Zollstock bereit und schiebt die Wasserwaage zwischen Ihren Beinen nach oben bis in den Schritt. Achten Sie darauf, dass die Wasserwaage wirklich in der Waage ist, und ziehen Sie sie fest nach oben. Bauen Sie einen ähnlichen Druck auf, als wenn Sie auf einem Sattel sitzen würden. Nun messen Sie die Länge zwischen Oberkante Wasserwaage und Boden.

Die Rahmengröße bei Trekking- und Citybikes

Nehmen Sie die ermittelte Schrittlänge in Zentimetern mal 0,66. Auch hier gilt: Liegt Ihr Ergebnis zwischen zwei Rahmengrößen, greift der Touren- und Citybikefahrer auf den kleineren Rahmen und der sportlich ambitionierte Fahrer auf den größeren Rahmen zurück.

Die Rahmengröße in Zoll berechnen (1 Zoll = 2,54 cm). Falls die Rahmengröße in der Maßeinheit Zoll angegeben ist, nehmen Sie die errechnete Rahmengröße in Zentimetern x 0,3937 = Rahmengröße in Zoll.

Unterschiedliche Größennormen bei der Rahmengröße

Die vielen Radhersteller verwenden unterschiedliche Größennormen bei der Angabe ihrer Rahmengrößen. Die oben angegebene Berechnungsgrundlage ist die Norm Oberkante Oberrohr. Hierbei bezieht sich die Rahmengröße auf die Länge zwischen Mitte Tretlager und Oberkante Oberrohr.
Es gibt noch weitere Größennormen:

Bei der deutschen Messung bezieht sich die Rahmengröße auf die Länge zwischen Mitte Tretlager und Mitte Oberkante Sattelrohr.
Die Rahmengröße der italienischen Messung bezieht sich auf die Länge zwischen Mitte Tretlager und Mitte Oberrohr.

Tabelle der Rahmenhöhen

Diamantrahmen

Trapezrahmen

Y-Rahmen

U-Rahmen

Nach dem Bemessen der Schrittlänge (SL) ergeben sich folgende Werte für die Oberrohrlänge (OL) und Rahmenhöhe (RH):

	Citybike		Trekkingbike	
SL	OL	RH	OL	RH
70	67	44–48	66	42
72	69	46–50	68	42–43
74	71	48–52	70	44–47
76	73	50–53	72	46–50
78	75	52–55	74	47–51
80	77	53–56	75	48–52
82	79	54–57	77	49–53
84	81	56–60	79	51–55
86	83	57–61	81	53–57
88	85	59–63	83	55–60
90	87	60–64	85	56–62
92	89	61–65	87	57–63
94	90	62–66	89	58–64
96	92	63–67	91	60–66
98	94	65–70	92	62–68
100	96	67–73	93	63–68

Am besten ist es natürlich, wenn Sie die richtige Rahmenhöhe für Ihre Verhältnisse und die passende Sitzposition bei einer Probefahrt ermitteln! Seitdem immer mehr Federelemente für den Rahmenbau verwendet werden, findet man heute neben dem klassischen Diamantrahmen (Männerrad) und den Trapez-, Y- und U-Rahmen (Damenrad) völlig neue Rahmenkonstruktionen auf dem Markt. Beim Kauf ist es am wichtigsten, dass Ihr neues Fahrrad zu Ihren Körpermaßen passt. Entscheidend dafür ist nicht nur der Raddurchmesser (z. B. 26 Zoll oder 28 Zoll), sondern vor allem, wie schon erwähnt, die Rahmenhöhe. Testen Sie unbedingt bei einer ausführlichen Probefahrt, ob Sie sich auf dem Rad wohlfühlen.

Sitzposition

1

- Setzen Sie sich mit Schuhen aufs Rad und halten sich mit einer Hand an einer Wand fest
- Positionieren Sie die Pedalkurbel senkrecht. Stellen Sie die Ferse aufs unten stehende Pedal. Dabei sollte Ihr Bein gestreckt sein.

2

- Ist Ihr Bein nicht gestreckt, stellen Sie den Sattel höher, bzw. niedriger, wenn Ihre Ferse nicht ans Pedal reicht
- Zum Verstellen des Sattels öffnen Sie die Sattelrohrklemmung und verstellen Sie den Sattel so, dass er passt. Sitzen Sie aufrecht auf dem Rad. Verlagern Sie Ihr Gewicht nicht auf Ihren unten stehenden Fuß.

3

- Unternehmen Sie nun eine kleine Probefahrt mit dem Rad samt (Rad-)Schuhen, um sicherzugehen, dass die Sattelhöhe passt.
- Ihre Hüften sollten sich beim Fahren nicht auf und ab bewegen. Wenn dem so ist – Sattel runter! Lassen Sie dies von jemand anderem überprüfen.

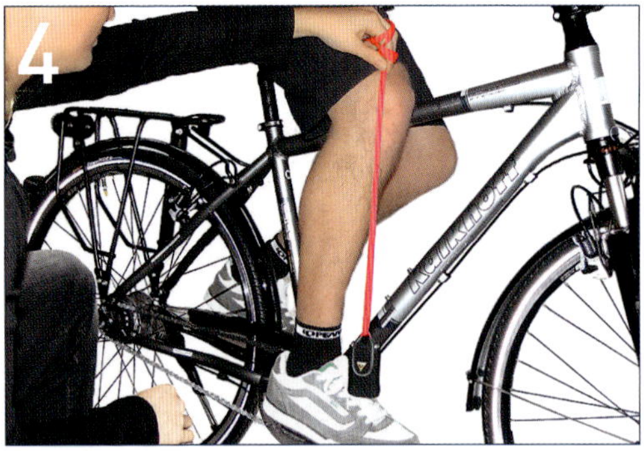

- Nun setzen Sie sich mit Schuhen aufs Rad. Stellen Sie die Pedale waagrecht und positionieren Sie den breitesten Teil Ihres Fußes auf dem Pedal (bei Klickpedal den Radschuh einklicken).
- Wenn Sie von der vorderen Kniescheibe ein Lot hinunterlassen würden, sollte sich dieses direkt über der Pedalachse befinden und keinesfalls weiter vorne bei den Zehen.

Tipp

Wenn Sie Ihr Rad auf Klickpedale umrüsten, sollten Sie Ihre Sitzposition neu einstellen.

- Schieben Sie den Sattel weiter nach hinten, wenn die Kniescheibe zu weit vorne ist.
- Öffnen Sie die Sattelklemmung unter dem Sattel und verschieben Sie diesen, bis die Position stimmt.

Federung

Federelemente bieten Ihnen einen höheren Komfort beim Fahren. Die einfachste Variante ist eine gefederte Sattelstütze. Eine Federgabel mindert Stöße auf Hände, Arm- und Schulterbereich. Die Hinterbaufederung fängt insbesondere Stöße auf Rücken und Sitzbereich ab. Federungen jeglicher Art bringen jedoch den Nachteil zusätzlichen Gewichts und verschleißender Gelenke mit sich. Auch können gefederte Räder mit einem erhöhten Wartungsaufwand verbunden sein und erschweren herkömmliche Lösungen für den Gepäcktransport.

Bremsen

Ein wichtiges Plus an Sicherheit gewährleisten gute Bremsen am Fahrrad. Da gibt es zum Beispiel auf das Hinterrad wirkende Rücktrittbremsen, die meist nur mit einer Nabenschaltung (s. S. 13) kombiniert werden können. Des Weiteren bietet der Markt Scheibenbremsen und über die Felge wirkende Seiten-, Mittelzug-, Cantilever- und Hydraulikbremsen. Bei den Letztgenannten erfolgt die Kraftübertragung durch Öl oder Bremsflüssigkeit, was im Vergleich zu Seilzugbremsen weniger Wartung benötigt und eine feinfühligere, leichtere Dosierung bietet. Die Reparatur ist allerdings ein wenig aufwendiger als die einer herkömmlichen Seilzugbremse und es empfiehlt sich, dafür einen Fahrradfachhandel aufzusuchen.
Bei allen Felgenbremsen ist es wichtig, dass Bremsklötze und Felge zusammenpassen. Nur so kann die Bremse eine opti-

male Wirkung erzielen. Bei Nässe zeigen Felgenbremsen schlechtere Bremsleistungen als bei trockener Witterung. Hochwertige Modelle haben jedoch auch dann noch eine ausreichende Bremskraft.

Billige Felgenbremsen taugen ebenso wenig wie billige No-Name-Scheibenbremsen. Verschiedene Bremsarten siehe Werkstattteil (s. S. 44 und 148).

Bremshebeleinstellung

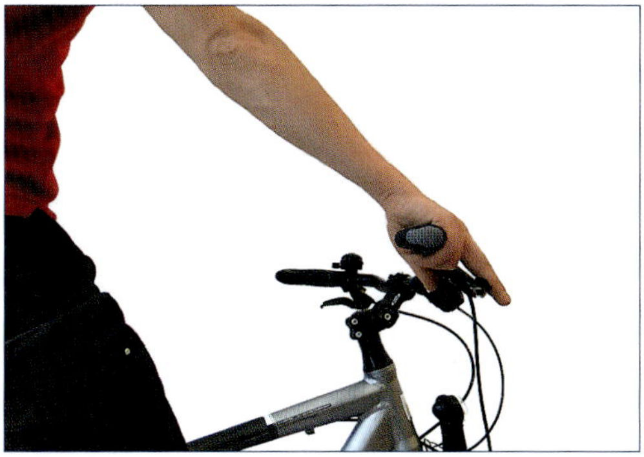

Tipp

Wenn Ihre Hände/Finger häufig einschlafen, helfen Ergon-Griffe.

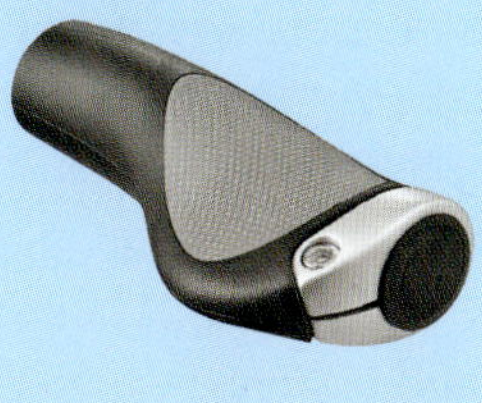

Klagen Sie manchmal über taube Hände oder kribbelnde Finger beim Radfahren? Das kann ein Indiz dafür sein, dass Ihre Armaturen am Lenker nicht richtig eingestellt sind. Wenn sich Ihre Hände beim Auflegen auf den Bremshebel zu sehr abknicken oder sich ungünstig auf die Griffe stützen, können die beiden wichtigsten Nervenstränge in der Handinnenseite abgequetscht werden. Zum Einstellen der Bremshebel schieben Sie diese so weit am Lenker nach innen, dass Sie die Hebel mit Mittel- und Zeigefinger außen greifen können.

Dann entwickeln Sie so viel Bremskraft, dass Sie während dem Fahren locker mit einem Finger bremsen können. Um den Winkel der Bremshebel zu bestimmen, setzen Sie sich wieder aufs Rad, fassen die Griffe an und legen zwei Finger locker auf den Bremshebel. Finger, Handoberfläche und Unterarm sollten eine Linie bilden.

Zu guter Letzt kann die Griffweiteneinstellung bei den meisten Hydraulikbremsen problemlos mit einem kleinen Inbusschlüssel verstellt werden. Bei aufliegenden Fingern sollte sich der Bremshebel unterhalb der obersten Fingergelenke befinden (genaue Einstellung s. Verweis Bremsen auf S. 45–51).

Schaltung und Laufräder

Rohloff-Nabe

Es gibt Naben-, Ketten- und kombinierte Naben-/Kettenschaltungen. Eine Nabenschaltung ist einfacher zu bedienen und kommt mit geringerer Wartung aus als eine Kettenschaltung. Für eine feinere Abstufung im Übersetzungsbereich zwischen dem größten und kleinsten Gang bietet die Kettenschaltung aber bisher mehr Möglichkeiten. Es sei denn, man leistet sich eine wartungsarme, hochwertige 14-Gang-Rohloff-Nabe, die allerdings sehr kostspielig ist. Dafür ist sie jedoch im Vergleich zu anderen Schaltungssystemen komplett einstellungsfrei.
Sind die Kugellager an den Naben gedichtet, können Schmutz und Feuchtigkeit schwerer eindringen.

Lichtanlage

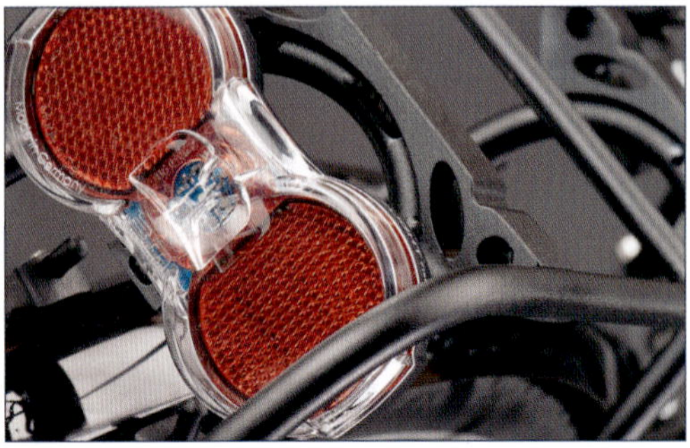

Eine dynamobetriebene Lichtanlage für alle Fahrräder (ausgenommen Rennräder bis 11 kg Gewicht) ist gesetzlich lt. StVZO vorgeschrieben. Beim Frontscheinwerfer ist LED-Licht (Leuchtdiode) Stand der Technik. Beim Rücklicht bringt eine integrierte Standlichtautomatik einen Sicherheitsvorteil. Beim klassischen Seitendynamo ist ein austauschbares Reibrad wichtig. Wenn Sie regelmäßig im Dunkeln unterwegs sind, sollten Sie beim Licht keinesfalls sparen. Immer beliebter werden Nabendynamos, die in die Vorderradnabe integriert sind und auch bei Regen und Schnee sicher funktionieren.

Das Werkzeug

Heimwerkstatt

Multitool

- Innensechskant/Inbus 2/2-L/2,5/3/2x4/5/6/8/10 mm
- Vielzahnschlüssel T25
- Speichenschlüssel 14 g/15 g
- Kettennieter
- Reifenheber
- Schraubendreher Kreuzschlitz + Flachkopf
- Ketten-Stift-Tool Nietstift-Kürzer

Ersatzteile

- Schlauch
- Bremsbeläge
- Flickzeug
- Klebeband
- Kabelbinder
- Schaltauge

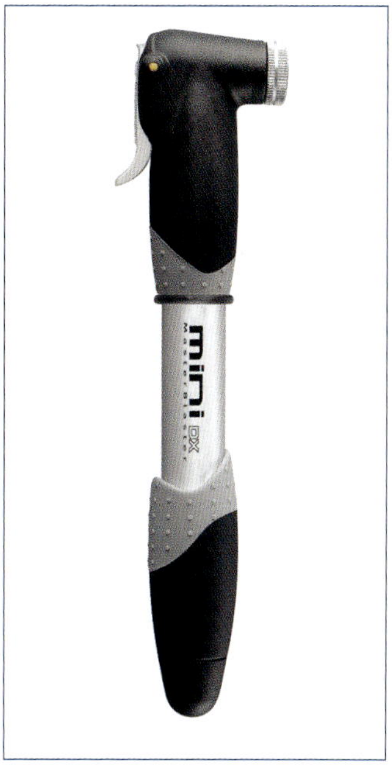

Luftpumpe

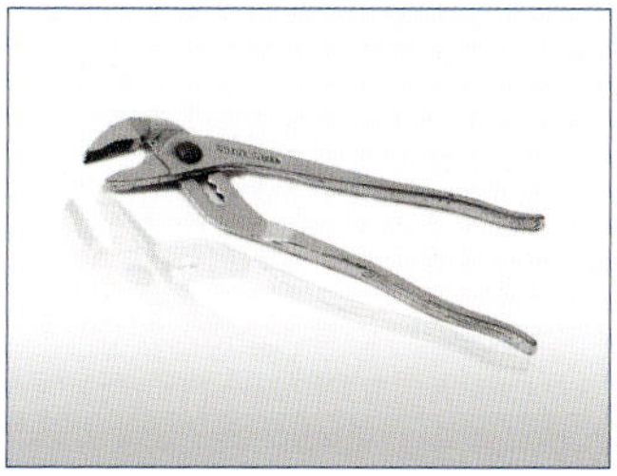

Kombizange

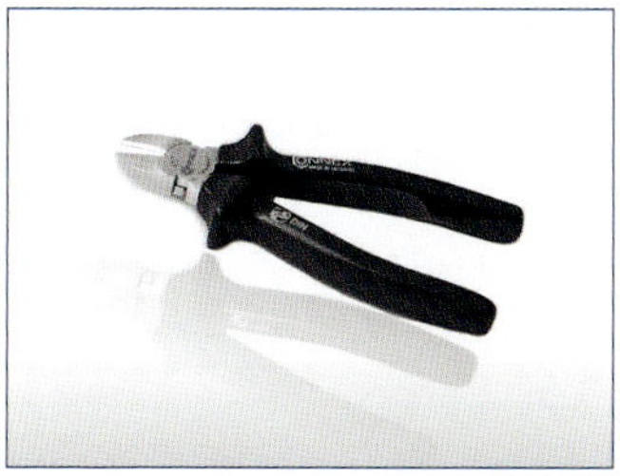

Seitenschneider

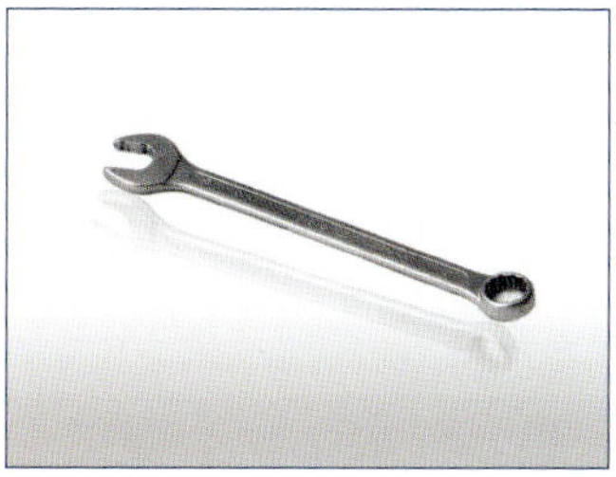

Maulschlüssel

Konusschlüssel

Standpumpe

Befestigung des Fahrrads

Montageständer

Verkaufsständer

- 1. Wahl: Montageständer oder Verkaufsständer.
- Partner, der das Bike hält und ggf. das Hinterrad anhebt.
- Auf den Kopf stellen (Achtung: nicht bei Scheibenbremsen! Vor allem bei älteren Scheibenbremsmodellen kann es passieren, dass Luft, die sich im Ausgleichsbehälter befindet, zurück ins Bremssystem gelangt. Dadurch wird die Bremse funktionslos und muss frisch entlüftet werden. Auf Lenkerarmaturen aufpassen).

Werkzeug für unterwegs

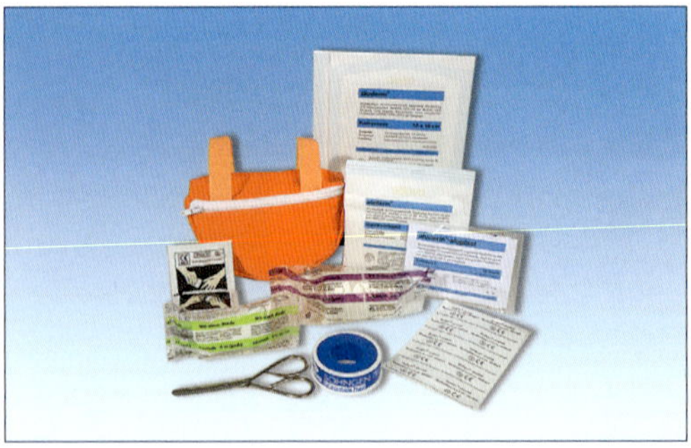

Erste-Hilfe-Set

Am besten in eine Satteltasche packen: Multitool, Ersatzschlauch, Pumpe, Flickzeug, Kabelbinder, Erste-Hilfe-Set, Notfallkarte ULP (s. Bild S. 174; am besten ausschneiden und einlaminieren).

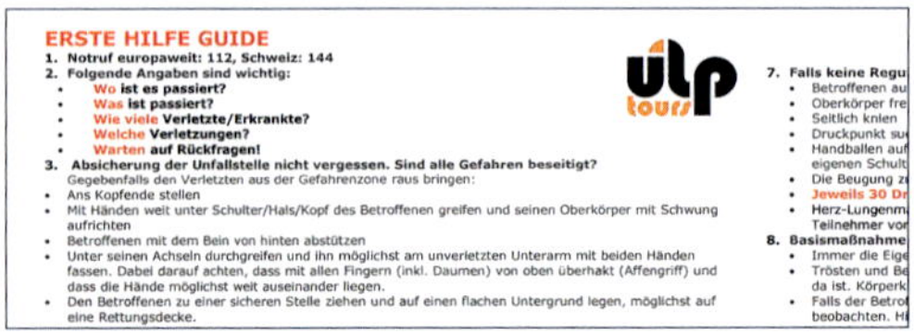

ERSTE HILFE GUIDE
1. Notruf europaweit: 112, Schweiz: 144
2. Folgende Angaben sind wichtig:
   - Wo ist es passiert?
   - Was ist passiert?
   - Wie viele Verletzte/Erkrankte?
   - Welche Verletzungen?
   - Warten auf Rückfragen!
3. Absicherung der Unfallstelle nicht vergessen. Sind alle Gefahren beseitigt?
   Gegebenfalls den Verletzten aus der Gefahrenzone raus bringen:
   - Ans Kopfende stellen
   - Mit Händen weit unter Schulter/Hals/Kopf des Betroffenen greifen und seinen Oberkörper mit Schwung aufrichten
   - Betroffenen mit dem Bein von hinten abstützen
   - Unter seinen Achseln durchgreifen und ihn möglichst am unverletzten Unterarm mit beiden Händen fassen. Dabei darauf achten, dass mit allen Fingern (inkl. Daumen) von oben überhakt (Affengriff) und dass die Hände möglichst weit auseinander liegen.
   - Den Betroffenen zu einer sicheren Stelle ziehen und auf einen flachen Untergrund legen, möglichst auf eine Rettungsdecke.

7. Falls keine Regu
   - Betroffenen au
   - Oberkörper fre
   - Seitlich knien
   - Druckpunkt su
   - Handballen auf eigenen Schult
   - Die Beugung z
   - Jeweils 30 Dr
   - Herz-Lungenm Teilnehmer vor
8. Basismaßnahme
   - Immer die Eige
   - Trösten und Be da ist. Körperk
   - Falls der Betro beobachten. H

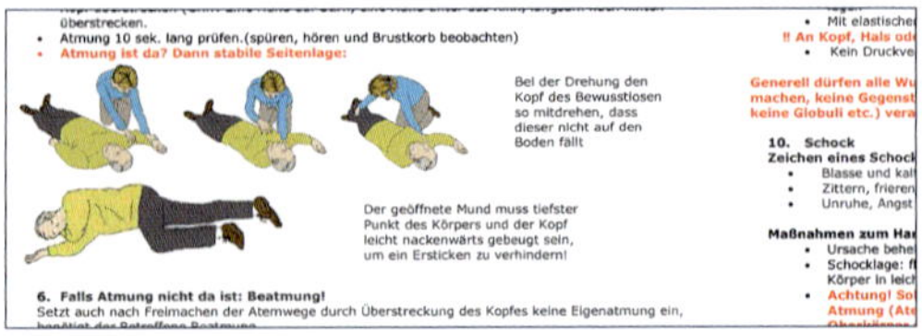

überstrecken.
- Atmung 10 sek. lang prüfen.(spüren, hören und Brustkorb beobachten)
- Atmung ist da? Dann stabile Seitenlage:

Bei der Drehung den Kopf des Bewusstlosen so mitdrehen, dass dieser nicht auf den Boden fällt

Der geöffnete Mund muss tiefster Punkt des Körpers und der Kopf leicht nackenwärts gebeugt sein, um ein Ersticken zu verhindern!

6. Falls Atmung nicht da ist: Beatmung!
Setzt auch nach Freimachen der Atemwege durch Überstreckung des Kopfes keine Eigenatmung ein,

- Mit elastische
!! An Kopf, Hals od
- Kein Druckve

Generell dürfen alle Wu machen, keine Gegenst keine Globuli etc.) vera

10. Schock
Zeichen eines Schock
- Blasse und kal
- Zittern, frieren
- Unruhe, Angst

Maßnahmen zum Ha
- Ursache behe
- Schocklage: f Körper in leic
- Achtung! So Atmung (Ate

Notfallkarte ULP

Sicherheitscheck – Mein Fahrrad vor jeder Tour

Um böse Überraschungen auf einer Radtour zu vermeiden, sollten Sie hin und wieder und besonders vor größeren Touren einen Komplettcheck Ihres Rads vornehmen.

Folgende Punkte sollten Sie dabei kontrollieren:

Bremsen

- Sie sollten prompt und auf leichten Zug ansprechen.
- Mit zwei Fingern sollte man sie bis 2 Zentimeter zum Lenkerrohr ziehen können (Reparatur s. S. 46).

Bremsbeläge

- Bei Scheibenbremsen prüfen Sie die Bremsbeläge durch einen kurzen Blick.
- Das Benutzen einer Taschenlampe erleichtert die Überprüfung der Belagstärke.
- Die Bremsbeläge der Felgenbremsen sollten genug Belag aufweisen und mindestens 1 Millimeter Abstand zum oberen Felgenrand haben (Reparatur s. S. 46–48).

Bremszüge

3

Kontrollieren Sie die Bremsleitungen auf mögliche Beschädigungen (Reparatur s. S. 49–50).

Schaltzüge

4

Kontrollieren Sie die Schaltzüge auf mögliche Beschädigungen (Reparatur s. S. 56–58).

Schnellspanner

- Sie sollten nicht nach vorne ausgerichtet sein.
- Sie sollten fest genug geschlossen sein (Widerstand nach 90° Einschlag).
- Auf Beschriftung achten: open, close.

Lenker, Barends und Vorbau

Klemmen Sie das Vorderrad zwischen die Knie und drehen Lenker, Vorbau und Barends. Alles muss fest sitzen.

Sattel

7

Sitzt er fest in Rahmen und Sattelstütze? (Reparatur s. S. 62)

Reifen

- Prüfen Sie mögliche Risse und Beschädigungen an Lauffläche und Mantelseiten/Reifenflanken.
- Passt der Luftdruck? (Reparatur s. S. 43)

Schuh, Pedal und Kurbel B

- Pedal und Kurbel sollten kein Spiel haben.
- Funktionieren die Klickpedale?
- Sind alle Schrauben an den Schuh-Cleats vorhanden und fest? (Reparatur s. Mountainbike S. 159)

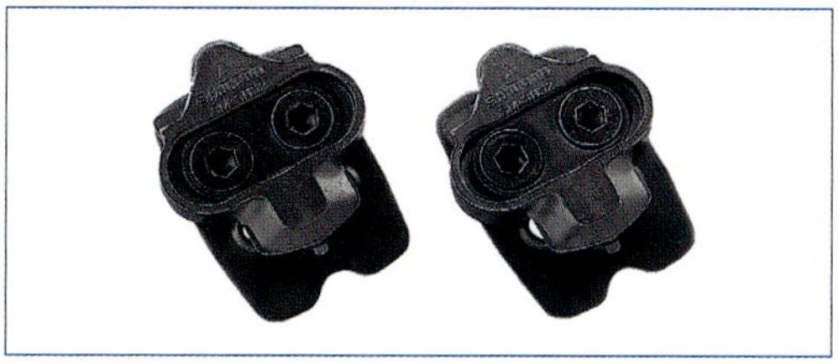

Klickpedale

Schuh-Cleats

Steuersatz

- Der Steuersatz ist der Lagersatz, der Gabel und Rahmen drehbar miteinander verbindet und somit das Lenken ermöglicht.
- Bremsen fest anziehen und das Rad leicht vor- und zurück schieben. Der Steuersatz sollte dabei kein Spiel haben.

Speichen

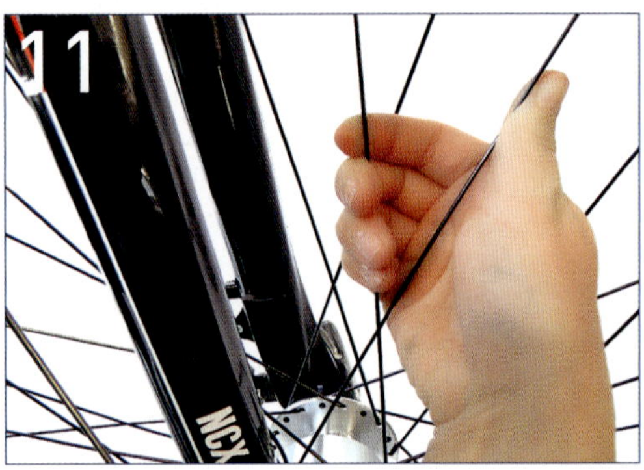

Immer zwei Speichen in die Finger nehmen und leicht zusammendrücken. Ein wenig Spiel dürfen sie haben, aber jeweils gleich viel.

Radlagerspiel

- Vorderradbremse aushängen und mit der anderen Hand das Vorderrad seitlich hin und her bewegen. Das Rad sollte kein Spiel haben. Darauf achten, dass die Schnellspanner fest geschlossen sind.
- Das Gleiche mit dem Hinterrad.

City-/Trekkingbike-Werkstatt

Hinterrad ausbauen trotz Ritzelpaket, Bremsbeläge tauschen und justieren, Schaltung einstellen ohne dass sie hinterher mehr rasselt als vorher, Kette erneuern ... Die meisten »Normalradler« überfällt schon beim Gedanken an solcherlei Wartungsarbeiten große Ratlosigkeit. Wie soll ich DAS denn selbst machen? Doch es ist wie mit allem: Wenn man weiß, wie's geht, ist es eigentlich ganz einfach. Es gibt Regeln, Tricks und Kniffe. Wir zeigen die richtigen Handgriffe, erklären, worauf Sie achten müssen und geben viele Insider-Tipps zur Problemlösung.

1. Reifenpanne

Reifentypen

Standardreifen

»Unplattbarer« Reifen (besitzt einen Durchstichschutz)

Winterreifen mit Spikes

Leichter und sportlicher Reifen

Radaus- und -einbau

Vorderradausbau

1

Öffnen Sie immer als Erstes die Bremsen, um die Laufräder auszubauen (s. S. 47). Haben Sie einen Nabendynamo, vergessen Sie ebenfalls nicht, den Stecker zu ziehen (s. S. 63).

2

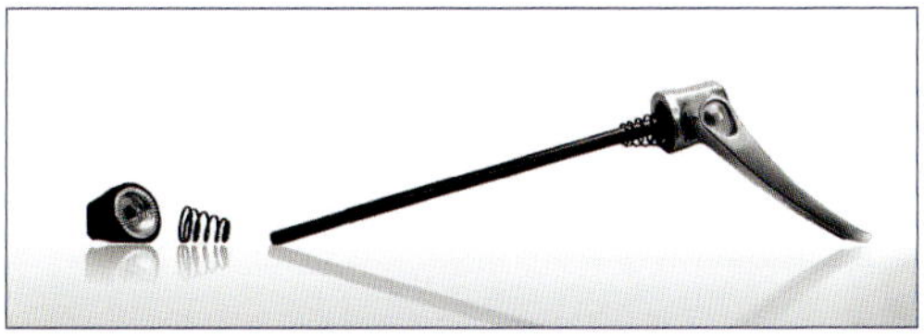

Schnellspannhebel umklappen und die Schnellspannmutter auf der gegenüberliegenden Seite aufdrehen, bis das Laufrad freikommt. Es kann passieren, dass man die Schnellspannmutter ganz abdreht und diese abfällt. Beim Wiedereinbau sollten Sie darauf achten, dass die zugehörigen Federn mit dem spitzen Ende jeweils nach innen zeigen.

Vorderradeinbau

3

Achten Sie auf die Laufrichtung des Rades. Orientieren Sie sich dabei am Aufdruck des Reifens (Pfeil), der die Richtung vorgibt. Drehen Sie die Schnellspannmutter so weit ein, dass der Schnellspanner nach 90° Einschlag auf Widerstand stößt. Stellen Sie das Laufrad beim Schließen auf den Boden und achten Sie darauf, dass es gerade in den Ausfallenden sitzt. Vergessen Sie nicht, die Bremse wieder einzuhängen!
Prüfen Sie nun, ob das Laufrad mit etwa dem gleichen Abstand zu den Bremsgummis ohne Schleifen läuft. Ist dies nicht der Fall, lösen Sie das Rad wieder, richten es gerade aus und schließen erneut die Schnellspanner.

Hinterradausbau

Hängen Sie den Bremszug an der hinteren Bremse aus. Schalten Sie hinten auf das kleinste Ritzel. Öffnen Sie den Schnellspanner. Ziehen Sie das Schaltwerk nach hinten und heben Sie den Hinterbau an. Sollte das Rad nicht von alleine herausfallen, drücken Sie mit der Handfläche auf das Hinterrad.

Hinterradeinbau

Legen Sie das Rad so ein, dass das kleinste Ritzel auf die Kette trifft. Stellen Sie das Rad gerade. Drücken Sie den Schaltwerkhebel (das Schaltwerk) sanft nach vorne unten. So rastet das Rad wieder in die richtige Position. Schließen Sie nun Schnellspanner und Bremse. Vergessen Sie nicht, den Bremszug der hinteren Bremse wieder einzuhängen.

Radmutter

Der Aus- und Einbau erfolgt genau wie mit Schnellspanner, nur dass die Radmuttern mit einem Maul- oder Ringschlüssel gelöst werden.

Achter

7

Beim Trekkingradfahren bekommt man selten einen Achter, wenn doch, sehen Sie bitte bei Mountainbike S. 145 nach.

Tipp

Gute Radmuttern verfügen über integrierte, geriffelte Unterlegscheiben, die das Rad unverrückbar in den Ausfallenden fixieren. Wir würden eine Umrüstung empfehlen, wenn Ihr Rad mit einer einfachen Radmutter ausgestattet sein sollte.

Nabenschaltung/Fahrrad mit Rücktrittbremse

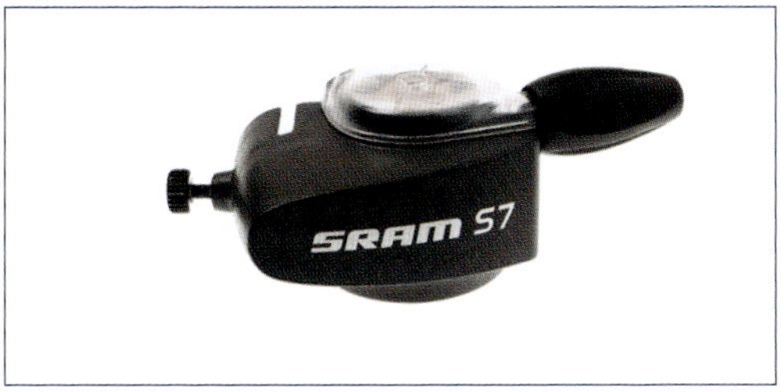

Der grobe Ablauf erfolgt genau wie bei der Radmutter beschrieben, jedoch muss Folgendes beachtet werden:

- Das Wichtigste ist: Schalten Sie auf den ersten Gang.
- Trennen Sie den Schaltzug von der Nabe (Schaltzug aushängen) oder schrauben Sie die so genannte Clickbox ab (kleines Rädchen aufdrehen und Clickbox abziehen).
- Bremsgegenhalter auf der gegenüberliegenden Seite aufschrauben.
- Achten Sie beim Einbau darauf, dass Sie den Gegenhalter wieder befestigen und die Züge/Clickbox wieder richtig anschließen.
- Prüfen Sie die Schaltung ebenfalls und stellen Sie diese ggf. wieder ein (s. S. 56).

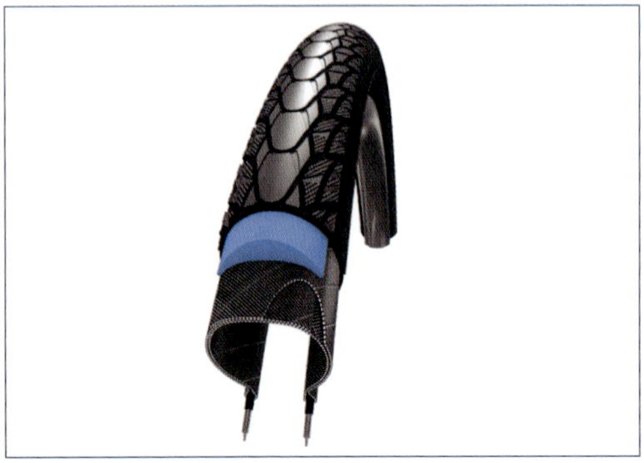

Achten Sie bei der Montage des Hinterrades bei einer Nabenschaltung/einem Fahrrad mit Rücktrittbremse auf:

- den richtigen Sitz des Reifens (korrekte Ausrichtung des Laufrades im Rahmen).
- korrekte Montage, sonst kann die Bremse versagen bzw. die Kette permanent abspringen. Darüber hinaus verweigert die 7-Gang-SRAM den Dienst, wenn sie schräg montiert ist.
- die wieder montierten Schutzbügel bei der Clickbox.
- die wieder montierten Bremsgegenhalter und gesicherte Schrauben.

Hinweis: Schenken Sie dem Ausbau eines Hinterrades bei einem Fahrrad mit Rücktrittbremse besondere Aufmerksamkeit. Bei Unklarheiten sollten Sie einen Fahrradfachhandel aufsuchen.

Tipp

Eine Investition in einen »Unplattbar-Reifen« (z. B. Marathon Plus) lohnt sich in jedem Fall. Empfehlenswert ist dieser besonders bei Rädern mit Nabenschaltung, da der Hinterradausbau so kompliziert ist. Nutzen Sie bei allen Marathon-Plus-Reifen unbedingt ein Manometer zum Einstellen des Luftdrucks. Durch den besonderen Aufbau ist eine Druckprüfung per Daumen nicht ausreichend. (Weitere Modelle gibt es auch von Continental).

Für ungewöhnliche Reifengrößen gibt es auch ein Pannenschutzband, das in den Reifen eingelegt wird.

Mantel und Schlauch demontieren

1

Prüfen Sie die Ventilposition vor dem Demontieren. Wenn es schief in der Ventilbohrung steht, ist die Ursache des Platten vielleicht schon geklärt.

2

Lösen Sie die Ventilmutter (Überwurfmutter) vom Ventil.

3

Drücken Sie den Reifen vom Felgenhorn.

> **Achtung ⚠**
> Verwenden Sie ausschließlich Reifenheber aus Kunststoff und keine scharfkantigen Gegenstände wie Messer oder Schraubenzieher. Sie können Schlauch oder gar Felge verletzen.

4

Setzen Sie den Reifenheber gegenüber dem Ventil an und hebeln Sie den Mantel über die Felge heraus. Fixieren Sie den Reifenheber, indem Sie sein Ende in eine Speiche einhaken.

5

Setzen Sie den zweiten Reifenheber in ca. 15 Zentimeter Abstand daneben an.

6

Sie können den Reifen nun leicht aus der Felge hebeln, indem Sie den Reifenheber einmal rund um die Felge ziehen.

7

Wenn dies zu schwer geht, nehmen Sie einen dritten Reifenheber dazu.

8

Nun können Sie den Schlauch vorsichtig herausziehen.

Ursachenforschung

Felgenband

- Suchen Sie den Mantel nach eingedrungenen Fremdkörpern und Beschädigungen außen und innen ab.
- Pumpen Sie den defekten Schlauch nochmals kräftig auf und lokalisieren Sie das Loch. Winzige Löcher lassen sich einfacher finden, wenn Sie den Schlauch ins Wasser halten. Die Position des Loches kann Aufschluss über die Ursache geben.
- Prüfen Sie, ob das Felgenband richtig sitzt und ob es noch intakt ist.

Schlauch flicken

1

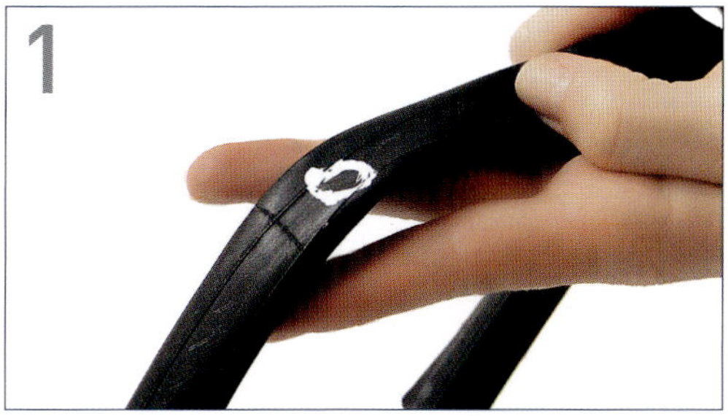

Wenn Sie das Loch gefunden haben, markieren Sie die Stelle mit einem Stift.

2

Rauen Sie die Stelle um das Loch mit einem Stück Schleifpapier auf. Die raue Fläche sollte so groß sein wie der Flicken.

3

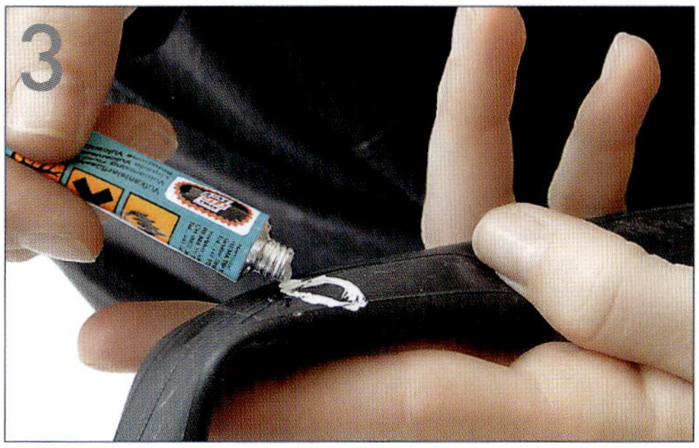

Nun kleben Sie den Flicken mittig auf das Loch. Selbstklebende Flicken sind leichter zu handhaben als solche mit Vulkanisierlösung.

4

Befindet sich das Loch direkt am Ventil, hält kein Flicken mehr und Sie müssen den Schlauch entsorgen.

Tipp

Sollten Sie einmal weder Ersatzschlauch noch Flickzeug dabeihaben, schneiden Sie den Schlauch an der defekten Stelle auseinander. Knoten Sie ihn nun wieder zusammen, pumpen ihn auf und ziehen ihn wie normal über. Fahren sie vorsichtig und langsam bis zum nächsten Radsportgeschäft weiter.

Achtung ⚠

Vulkanisierlösung ist kein Klebstoff! Sie muss sich mit der Oberfläche des Schlauchs verbinden, was eine Weile dauern kann. Warten Sie nach dem Auftragen, bis die Vulkanisierlösung auf dem Schlauch komplett getrocknet ist. Nur so kann der Flicken auf dem Schlauch haften.

Schlauch-/Reifenmontage

1

Zuerst ziehen Sie eine Mantelseite über die Felge ins Felgenbett.

2

Um das Einlegen des Schlauchs zu erleichtern, pumpen Sie ihn leicht auf. Stecken Sie das Ventil nun in die Ventilbohrung und legen den Schlauch in den Mantel.

3

Beginnen Sie nun vom Ventil an, den Mantel vollständig über das/die Felgenhorn-/flanke zu schieben. Klemmen Sie den Schlauch dabei nicht zwischen Mantel und Felge ein.

4

Für das letzte, meist schwer einzulegende Stück des Mantels schieben Sie mit beiden Daumen den Mantel über die Felge. Unterstützend kann sein, wenn Sie das Laufrad in Ihre Leiste klemmen.

5

Zuletzt pumpen Sie noch ein wenig mehr Luft in den Reifen und prüfen Sie den Sitz des Reifens. Die umlaufende Linie am Mantel sollte an allen Stellen gleich weit von der Felge entfernt sein. Helfen Sie mit dem Daumen nach, wenn dies nicht passen sollte. Pumpen Sie nun den Reifen voll.

Tipp

Lassen Sie die Ventilmutter weg, falls der Reifen auf der Felge beim Bremsen wandert. So bekommt das Ventil etwas mehr Spielraum.

Luftdruck

Passender Luftdruck

Wenig Luftdruck

Sehr wenig Luftdruck

Verschleiß bei zu geringem Luftdruck

Eine generelle Luftdruckempfehlung für ein bestimmtes Fahrrad oder einen bestimmten Reifen zu geben ist nicht möglich. Der »richtige« Luftdruck hängt maßgeblich davon ab, mit wie viel Gewicht der Reifen belastet wird. So wird er hauptsächlich vom Gewicht des Fahrers und seinem Gepäck bestimmt. Das Fahrradgewicht hat dabei nur wenig Einfluss. Darüber hinaus entscheiden natürlich die persönlichen Vorlieben über geringen Rollwiderstand oder höheren Federungskomfort.

Den zulässigen Druckbereich entnehmen Sie der Reifenflanke oder den Empfehlungen des Herstellers auf der Homepage. Je höher der Luftdruck ist, desto geringer sind Rollwiderstand, Verschleiß und Pannenanfälligkeit. Ist weniger Luftdruck vorhanden, leistet der Reifen Komfort und Haftung. Nur durch einen ausreichenden Luftdruck ist der Reifen in der Lage, das Fahrrad zu tragen. Ein dauerhaft zu geringer Luftdruck führt häufig zum vorzeitigen Verschleiß des Reifens. Risse an den Mantelflanken können die Folge sein. Auch der Abrieb des Profils ist dadurch unnötig hoch. Andererseits kann ein Reifen mit weniger Luftdruck Stöße besser abfedern.

Fahren Sie breite Reifen, sollten Sie den Luftdruck geringer wählen. So haben Sie die Möglichkeit, die Vorteile des geringeren Luftdrucks zu nutzen, ohne dass dadurch gravierende Nachteile bei Rollwiderstand, Pannenschutz und Verschleiß entstehen.

Achtung ⚠

Fahren Sie niemals ohne Luft im Reifen. Sie zerstören sonst Reifen und Felge.

2. Bremsen

Die am häufigsten verbauten Bremsen an City- und Trekkingbikes sind V-Brakes (Felgenbremsen), Rücktritt- (Citybike) oder Hydraulikbremsen. Haben Sie eine defekte Rücktrittbremse, empfiehlt es sich, ein Fahrradfachgeschäft aufzusuchen, da die Reparatur recht kompliziert ist. Ältere Modelle fahren teilweise noch mit Cantilever-Bremsen.

Bremsentypen

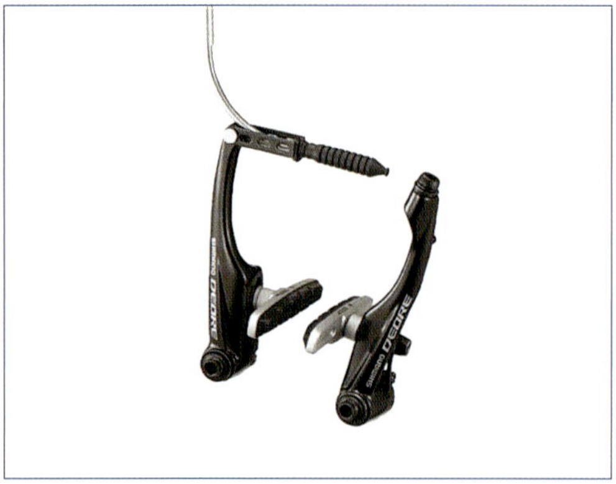

V-Brake

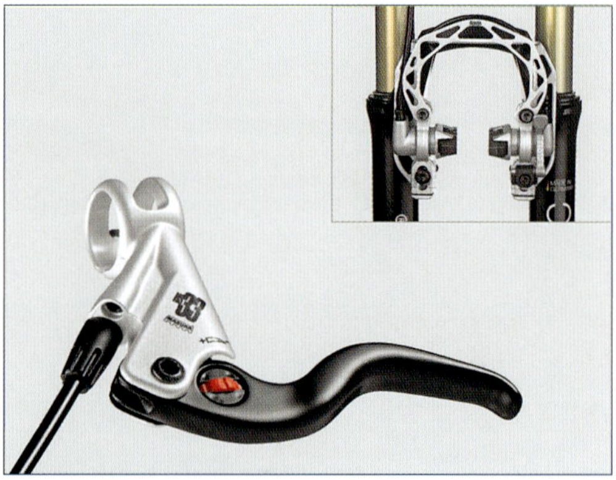

Hydraulische Felgenbremse

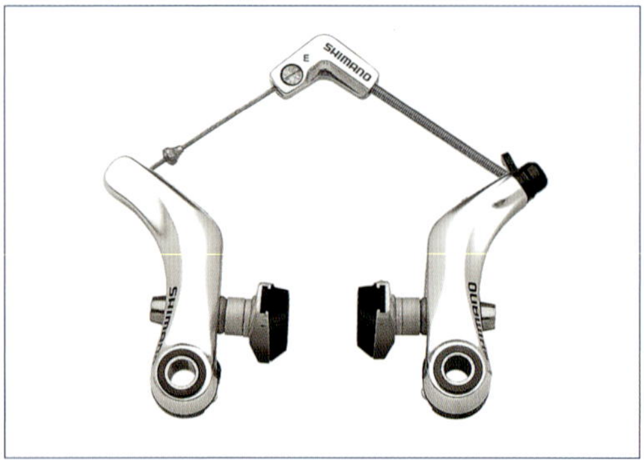

Cantilever

Rücktrittbremse

Bremshebel einstellen

Drehen Sie als Erstes die Einstellschraube am Bremshebel heraus.

- Reicht der Verstellbereich immer noch nicht aus, müssen Sie den Bremszug straffen.
- Drehen Sie dafür alle Einstellschrauben ganz zu.

- Lösen Sie die Klemmschraube, bis Sie den Zug etwas weiter durch die Klemme ziehen können, und straffen Sie ihn.

- Klemme wieder festziehen.
- Prüfen Sie, ob die Bremse nun gut zieht.

Wenn mehr als zwei Finger auf den Bremshebel passen, sollte er weiter nach innen gerückt werden. Dazu lösen Sie die Lenkerklemmschraube an der Unterseite und verschieben den Bremshebel am Lenker weiter Richtung Mitte. Meistens muss hierfür auch der Schalthebel verschoben werden.

Ist der Bremshebel zu weit entfernt, lösen Sie die kleine Schraube neben der Einstellschraube. Mit ihr kann man den Abstand vom Bremshebel zum Lenker verändern. Bei älteren Bremshebeln ist dies nicht möglich.

Bremsbeläge tauschen

Es gibt zwei Arten von Bremsschuhen. Zum einen Bremsschuhträger aus Metall, in die der neue Bremsbelag einfach eingeschoben wird. Bei den anderen Bremsbelägen müssen Sie den Belag samt Halterung herausschrauben.

Drehen Sie die Einstellschraube am Bremshebel ganz zu.

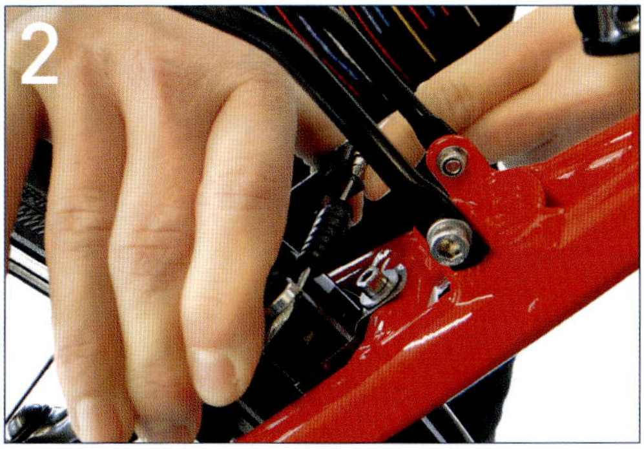

Hängen Sie die Bremse aus (V-Brakes: Bremsarme gegeneinander drücken und Bremszug herausnehmen. Cantilever: Verbindungskabel am rechten Bremsarm aushängen).

Lösen Sie die Klemmung des Bremsgummis (halten Sie bei der Cantilevebremse die Gegenseite mit einem Inbus fest).

4

Ziehen Sie den Belag samt Bremsschuh aus der Halterung heraus.

Prägen Sie sich die Einbaulage der einzelnen Teile genau ein oder legen Sie sie in derselben Reihenfolge beim Abbau nebeneinander.

Positionieren Sie die neuen Bremsbeläge in der vorgeschriebenen Richtung zur Felge und bauen Sie die Teile wieder ein.

Ziehen Sie nun die Klemmschraube leicht an.

> **Tipp**
> Eine optimale Bremswirkung erreichen Sie nur, wenn die Bremsarme bei Felgenkontakt senkrecht stehen. Da es unterschiedlich dicke Felgen gibt, müssen die passenden Unterlegscheiben hinter dem Bremsbelag montiert werden.

Drücken Sie die beiden Seiten gegen die Felge und richten Sie die Bremsbeläge aus (1 Millimeter von der Oberkante der Felge entfernt).

9

Die Bremsschuhe sollten bei gezogener Bremse horizontal ausgerichtet sein. Ferner sollten sie nicht viel weiter als 12 Millimeter vom Bremsarm zur Bremsflanke herausgezogen werden.

10

Ziehen Sie die Klemmschraube fest.

> **Tipp**
> Bei quietschenden Bremsen montieren Sie die Beläge leicht schräg, sodass sie die Felge in Laufrichtung vorne leicht früher berühren als hinten.

Bremszug austauschen

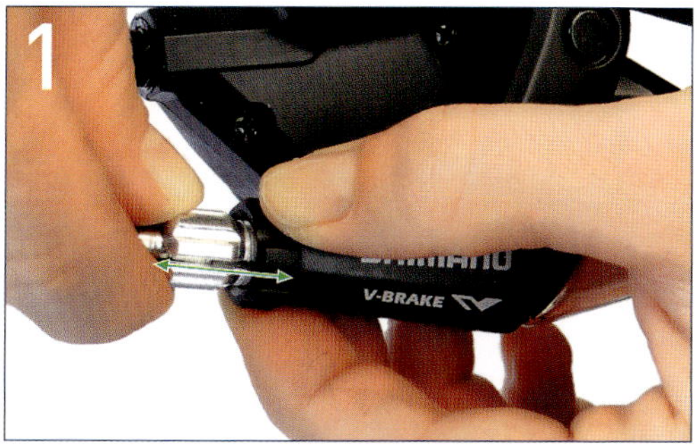

Drehen Sie die Einstellschraube am Bremshebel so weit, dass sich die einzelnen Schlitze von Einstellschraube, Sicherungsmutter und Bremshebelträger in einer Linie befinden.

Hängen Sie den Seilzug an der Bremse von Hand aus.

Zwicken Sie die Endkappe mit einer Zange ab.

Lösen Sie mit einem Inbusschlüssel die Zugklemme des Bremszugs.

5

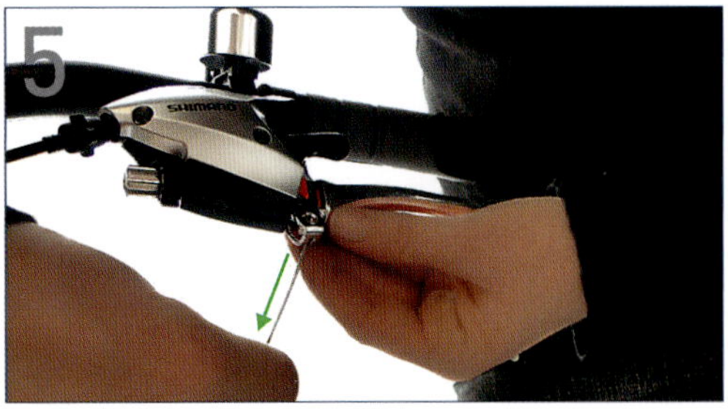

Ziehen Sie nun am Bremshebel und fädeln den Bremszug dort heraus. Prägen Sie sich vorher ein, wie der Bremszug am Rad verläuft.

6

Fädeln Sie nun den neuen Bremszug durch die verschiedenen Anschläge des Außenzugs und die dazwischenliegenden Zughüllen.

7

Weiter mit »Bremshebel einstellen« siehe oben.

Hinweis

Vorderradbremse – linker Bremshebel
Hinterradbremse – rechter Bremshebel

Die Hydraulik-Felgenbremse

Bremse aushängen

Zum Öffnen der Hydraulikbremse lösen Sie den Schnellspanner auf der rechten Seite der Bremse und nehmen den ganzen Bremskörper auf dieser Seite ab. Achten Sie beim Wiedereinsetzen der Bremse darauf, dass der Bremsbelag in der richtigen Höhe sitzt, bevor Sie den Schnellspannhebel wieder schließen.

Eine Magurafirmtech-Bremse hängen Sie aus, indem Sie diese auf beiden Seiten herunterklappen. Dazu lösen Sie jeweils die Schnellspanner in Richtung Laufrad. Klappen Sie dann die Bremse nach außen weg. Zum Wiedereinbau klappen Sie diese an die Felge und schließen die Schnellspanner in Richtung Gabel.

Achtung ⚠

Verwenden Sie um den Bereich Ihrer Bremsen keine ölhaltigen Produkte (außer der Bremsflüssigkeit für Hydraulikbremsen). Gelangt Öl auf Belag oder Felge, wird das Bremsen unmöglich.

Belag nachstellen

Um die Beläge nachzustellen, drehen Sie die Öldruckregulierungsschraube am Bremshebel in Richtung plus, bis der Abstand zwischen Felge und Belag ca. 3 Millimeter beträgt.

Bremsschuhe wechseln

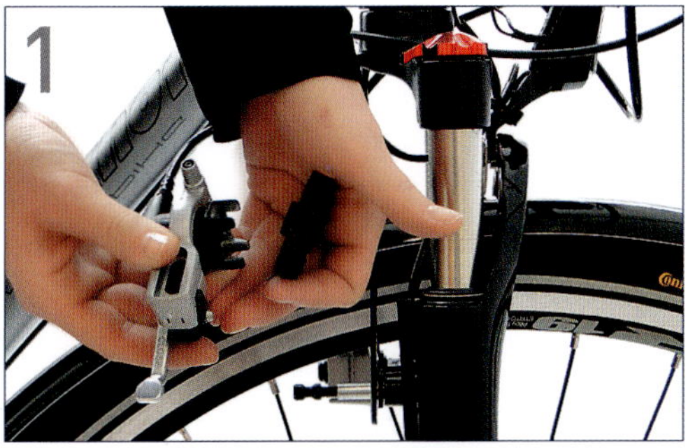

Drehen Sie die Öldruckregulierungsschraube am Bremshebel bis zum Anschlag in Richtung minus. Zum Bremsschuhwechsel öffnen Sie den Schnellspanner der Bremse. Nehmen Sie Bremskörper ab und bauen das Laufrad aus. Ziehen Sie nun den alten Bremsschuh aus dem Bremskörper und setzen Sie den neuen ein.

Hängen Sie das Laufrad ein und setzen Sie den Bremskörper in der richtigen Höhe wieder in den Sockel. Schließen Sie den Schnellspanner.

Drehen Sie die Öldruckregulierungsschraube nun so weit wieder hinein (Richtung plus), bis der Abstand zwischen Felge und Belägen jeweils ca. 3 Millimeter beträgt.

Einstellung der Magura-Felgenbremse

Die Einstellung einer Magura-Felgenbremse erfordert viel Geschick und Erfahrung und sollte nur von Profis durchgeführt werden. Bei alltäglichem Gebrauch verstellt sich eine einmal eingestellte Bremse jedoch nur sehr selten. Quietschen Ihre Bremsen oder ist das Bremsverhalten schlecht, wenden Sie sich an Ihre Fahrradfachwerkstatt.

3. Schaltung

Schaltungstypen

Eine Schaltung einzustellen erfordert viel Fingerspitzengefühl. Eine minimale Drehung an den Schrauben entscheidet häufig darüber, ob die Schaltung reibungslos funktioniert oder nicht. Bei dieser Arbeit tut man sich leichter, wenn das Hinterrad permanent in der Luft hängt. Wenn Sie keinen Montageständer haben, lassen Sie sich von einem Partner helfen, der das Hinterrad anhebt.

Schaltwerk Shimano

Schaltwerk SRAM

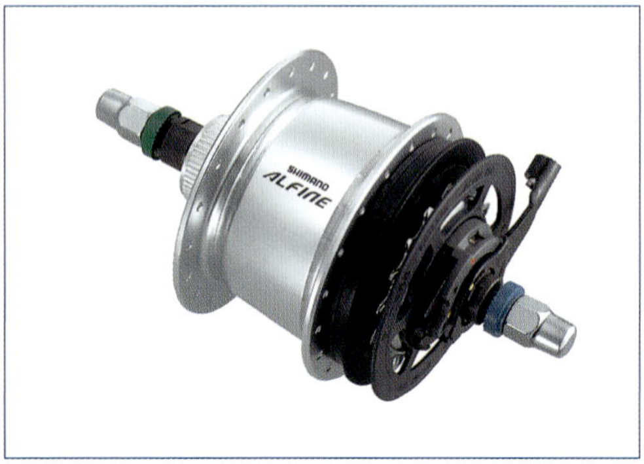

Nabenschaltung/Getriebenabe

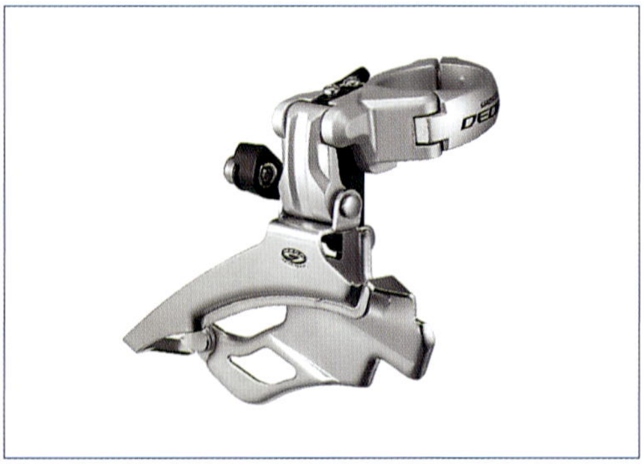

Umwerfer

Schaltwerk einstellen

1

Wenn die Kette beim Schalten nur sehr schwer auf das nächstgrößere Ritzel springt, sollten Sie die Zugspannung erhöhen. Drehen Sie dazu die Zugspannschraube am linken Schalthebel etwas heraus. Es reicht meist eine viertel Umdrehung. Prüfen Sie die Schaltung, bevor Sie zu weit drehen. Wenn die Kette beim Schalten nur sehr schwer auf das nächstkleinere Ritzel springt, sollten Sie die Zugspannung verringern. Drehen Sie die Zugspannschraube am linken Schalthebel weiter hinein.

2

Fällt die Kette beim Schalten häufig in Richtung der Speichen oder nach außen herunter, sollten Sie den Schwenkbereich des Schaltwerks einstellen.

Achtung ⚠
Es gibt auch Inverse-Schaltungen, die genau umgekehrt funktionieren.

3

Schrauben fester anziehen verringert den Schwenkbereich.

Tipp
L-Schraube für oberen Schwenkbereich (großes Ritzel). H-Schraube für unteren Schwenkbereich (kleines Ritzel).

Achtung ⚠
Funktioniert die Schaltung nach diesen Einstellungen immer noch nicht, kann es sein, dass das Schaltauge verbogen ist. Da man eine minimale Schiefstellung mit bloßem Auge kaum erkennen kann, sollten Sie für diese Reparatur eine Werkstatt aufsuchen. Sie sollten nicht bei extremer Schräglage der Kette fahren (z. B. vorne großes Kettenblatt – hinten größtes Ritzel). Die Kettenspannung wird zu groß und beeinträchtigt das reibungslose Schaltverhalten bzw. lässt die Kette schneller verschleißen oder gar reißen.

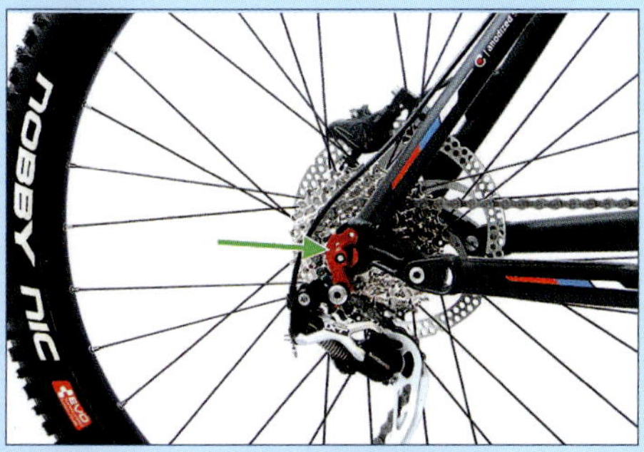

Tipp
Die L-Schraube sollte so weit festgedreht werden, dass man den Schalthebel nicht mehr weiter drücken kann, wenn die Kette auf dem größten Ritzel liegt.

Tipp
Durch die exponierte Lage ist das Schaltwerk extrem stoßgefährdet. Beim Abstellen/-legen des Fahrrades immer darauf achten, dass das Schaltwerk nicht angelehnt und keinem Druck ausgesetzt wird.

Umwerfer einstellen

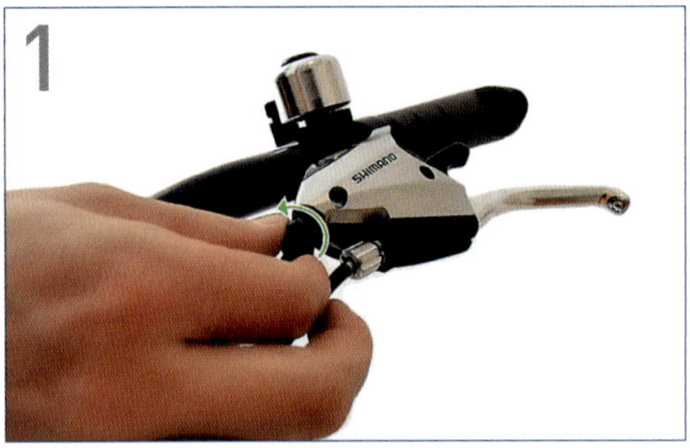

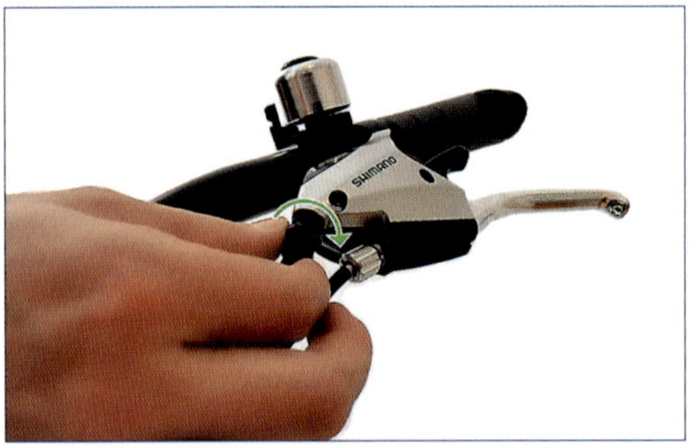

- Läuft die Schaltung beim Umwerfer nicht reibungslos, sollten Sie die Zugspannung an der Zugspannschraube des linken Schalthebels erhöhen oder verringern. Zugspannung erhöhen (s. Bild links).
- Wenn die Kette am Umwerfer weiterhin schleift, sollten Sie diesen ausrichten.
- Auf kleines Blatt und kleinstes Ritzel schalten.

- Die Schraube an der Schelle des Umwerfers leicht öffnen.
- Die Höhe des Umwerfers am Sitzrohr muss so verschoben werden, dass die Unterkante des äußeren Leitblechs die Zähne des großen Kettenblatts mit einem vertikalen Abstand von ca. 2 Millimeter passiert.
- Schellenschraube festziehen.

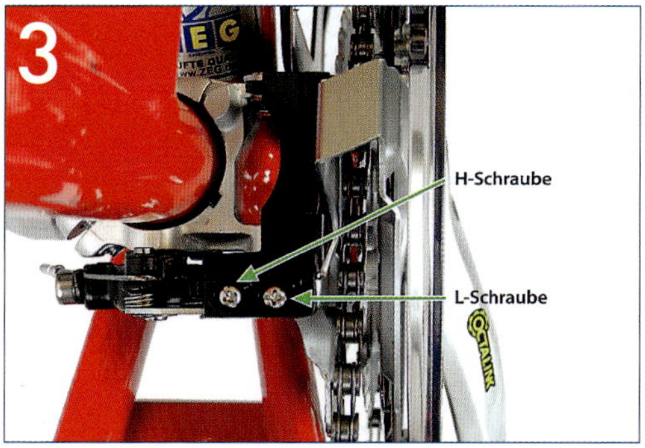

L-Schraube

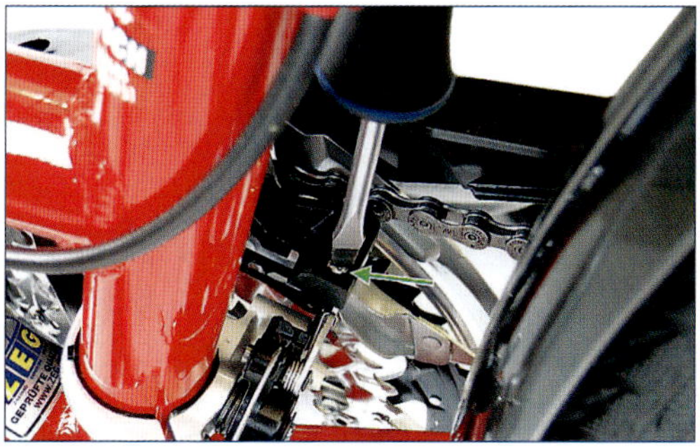
H-Schraube

- Fällt die Kette beim Schalten vom kleinsten oder größten Kettenblatt, sollten Sie den Schwenkbereich des Umwerfers genau wie beim Schaltwerk begrenzen: L-Schraube für unteren Schwenkbereich (kleines Kettenblatt); H-Schraube für oberen Schwenkbereich (großes Kettenblatt).
- Schalten Sie hinten aufs größte Ritzel und vorne aufs kleinste Kettenblatt.
- Drehen Sie die L-Schraube so weit ein, bis das innere Leitblech gerade nicht mehr an der Kette streift.
- Gleitet die Kette beim Schalten nicht vom mittleren auf das kleine Ritzel, drehen Sie die L-Schraube noch eine viertel Umdrehung heraus.
- Wird die Kette zu weit geworfen, drehen Sie die L-Schraube wieder etwas hinein.
- Gehen Sie hier ähnlich wie bei der L-Schraube vor.
- Schalten Sie hinten aufs kleinste Ritzel und vorne aufs größte Kettenblatt.
- Drehen Sie die H-Schraube so lange, bis die Kette das äußere Leitblech nicht mehr streift.
- Liegt die Kette auf dem großen Kettenblatt, sollten Sie am Schalthebel nicht mehr nachdrücken können.

Tipp

Schleift die Kette im größten Gang, so ist der Schaltzug nicht straff genug = Zugspannung erhöhen oder H-Schraube weiter herausdrehen. Wirft der Umwerfer die Kette nicht sauber auf das kleine Blatt, ist die Zugspannung zu groß oder der Anschlag L ist zu weit begrenzt. Außerdem können die Werfergelenke verschmutzt/verrostet oder der Anschlag zu knapp eingestellt sein.

Tipp

Vom mittleren Kettenblatt aus sollte die Kette auf jedem der hinteren Ritzel laufen, ohne zu schleifen. Steht die Kette bei extremen Gängen sehr schräg, muss man einen Mittelweg finden. Meistens wird der Gang am häufigsten benötigt, bei dem das größte Ritzel hinten berührungsfrei läuft.

Nabenschaltung/Fahrrad mit Rücktrittbremse

(s. Übersicht S. 52)

Schalten Sie in den 4. Gang (bei 9-Gang-Schaltung in den 6. Gang). In den meisten Fällen ist der richtige Gang auf der Schaltanzeige gekennzeichnet (z. B. hier der rote Strich). Trick: Erst überschalten, also z. B. vom 5. Gang zurück in den 4.

Drehen Sie die Schaltseileinstellschraube so weit hinein oder heraus, bis sich die roten Markierungen decken oder bis sich eine Markierung in der Mitte von zwei gelben Strichen befindet, oder drehen Sie so weit, bis sich die Markierungen im Sichtfenster der Clickbox decken.

Schaltzug austauschen (Kettenschaltung)

Schalten Sie auf das kleinste Ritzel.

Zwicken Sie mit einer Zange den/die Nippel/Zugendkappe ab.

3

Lösen Sie die Klemmschraube am Schaltwerk oder Umwerfer.

4

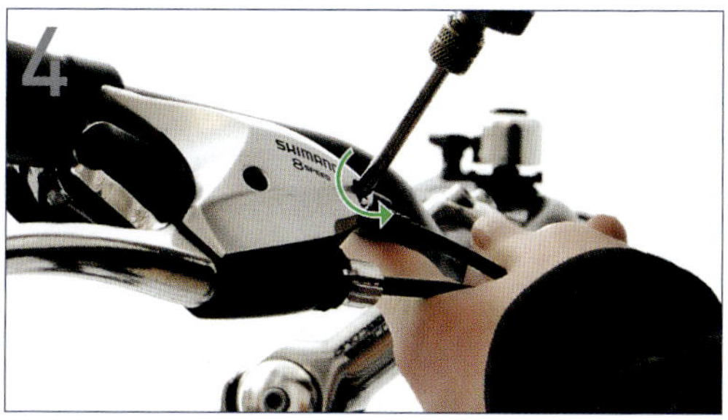

Entfernen Sie die hintere Abdeckung des Schalthebels.

5

Bei Drehschaltgriffen ist die Schaltseilöffnung meist mit einer Schraube verschlossen, die Sie zuerst lösen müssen.

6

Fädeln Sie den Schaltzug aus dem Schalthebel und ziehen Sie ihn heraus.

7

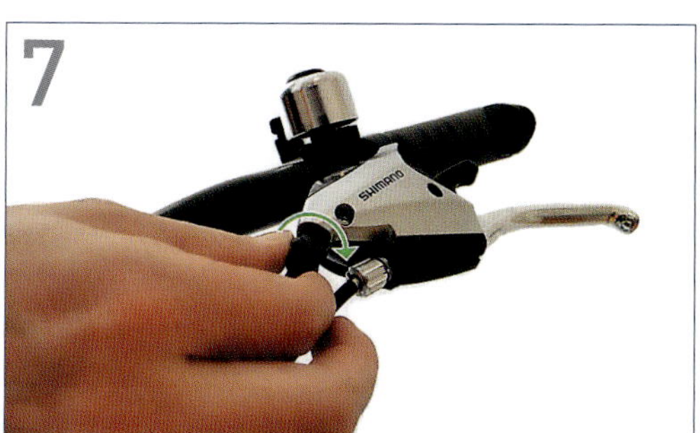

Drehen Sie die Zugspannschraube bis auf eineinhalb Umdrehungen ganz hinein.

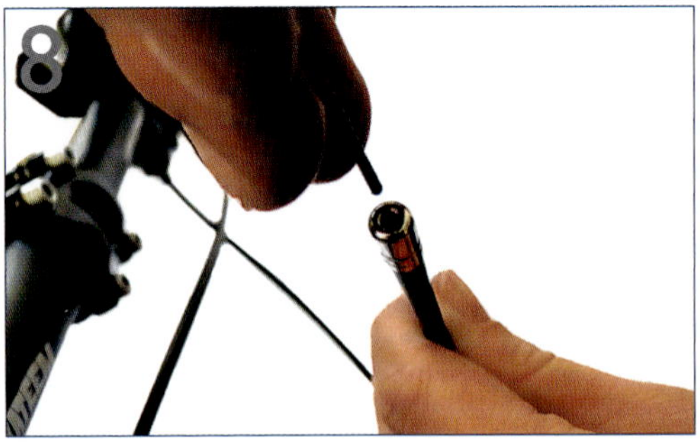

Fädeln Sie den neuen Schaltzug durch den Schalthebel und die Außenhüllen.

9

Straffen Sie den Zug und befestigen Sie ihn mit der Klemmschraube am Schaltwerk. Beachten Sie, dass der Zug in der Kerbe liegt.

10

Zwicken Sie die zu langen Enden ab und sichern Sie diese mit einem/-r Nippel/Zugendkappe.

11

Prüfen Sie die Schaltung und spannen Sie den Schaltzug nach.

12

Stellen Sie die Schaltung ein (s. S. 53).

Tipp

Funktioniert Ihre Schaltung nur schwergängig und unpräzise, sind meist alte oder verdreckte Schaltzüge der Grund dafür. Wechseln Sie daher die Züge und Außenhüllen an Ihrem Bike hin und wieder. Versehen Sie einen neuen Zug mit etwas Fett für leichteres Gleiten.

Schaltzug austauschen (Rücktrittbremse)

Das Austauschen des Schaltzugs funktioniert nicht so leicht wie bei einer Kettenschaltung, da die Schaltung zurückschnappt. Zudem ist ein genaues Ablängen des Zugs nur mit original Shimano- oder SRAM-Einstellern möglich. Suchen Sie in diesem Fall einen Fahrradfachhandel auf.

Achtung ⚠

Leise Geräusche während des Gangwechsels und nach dem Austausch sind völlig normal.

4. Kette, Kurbel und Pedale

Die Kette – der Fahrradantrieb

Mit jedem gefahrenen Kilometer wird die Kette länger. Dies führt mit der Zeit zu einem Verschleiß der Ritzel. Infolgedessen können auch die Kettenblätter verschleißen. Erneuern Sie Ihre Kette daher regelmäßig, denn eine neue Kassette und besonders neue Kettenblätter sind eine teure Angelegenheit. Messen Sie den Zustand der Kette regelmäßig mit einer Verschleißlehre (lassen Sie es vom Fahrradfachhändler machen, wenn Sie keine haben).

Kette erneuern/nachspannen

Haken Sie die Verschleißlehre einfach vorne in die Kette ein und schauen Sie, ob der hintere Haken zwischen die Glieder passt. Liegt die Lehre flach auf der Kette auf, sollten Sie die Kette erneuern.

Reparatur s. Mountainbike S. 154 f.

Tipp

Um den Verschleiß einer Kette so gering wie möglich zu halten und einen Kettenriss zu vermeiden, sollte die Kette immer möglichst gerade laufen. Vermeiden Sie Gänge, bei denen die Kette zu schräg läuft (z. B. vorne größtes Kettenblatt und hinten größtes Ritzel).

Pedaltypen

Für ein City- oder Trekkingbike empfehlen wir herkömmliche Pedale mit integrierten Reflektoren für optimale Sichtbarkeit und Sicherheit. Für längere Touren sollten Sie sich überlegen, ob nicht Klickpedale sinnvoller wären (s. Mountainbike S. 157).

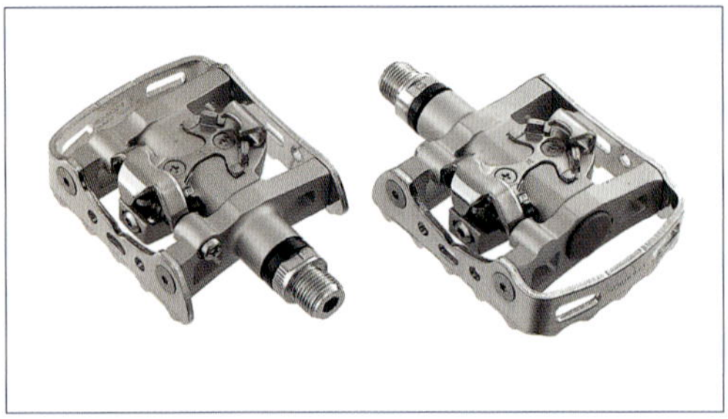

Klickpedale mit Käfig

Klickpedale

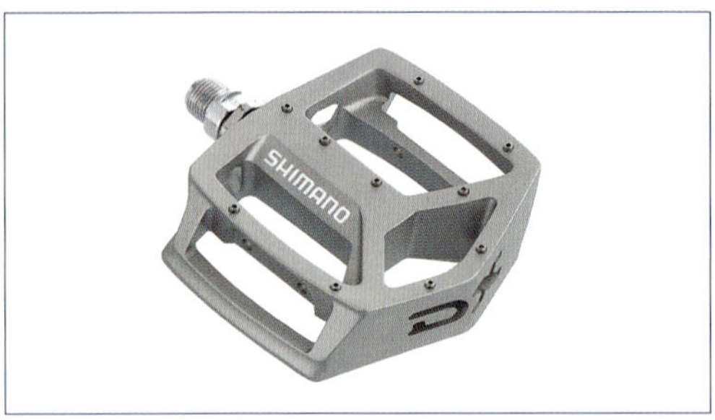

Bärentatzen

Pedale mit Reflektoren

Pedalmontage

Tipp
Damit eine spätere Demontage einfacher wird, geben Sie vor der Montage etwas Fett auf das Pedalgewinde.

- Achten Sie bei der Pedalmontage auf die eingestanzten Buchstaben L für linkes Pedal und R für rechtes Pedal (oder links geriffelt).
- Montieren Sie beide Pedale in Fahrtrichtung nach vorne unten mit einem 15-mm- Gabelschlüssel.
- Drehen Sie den Gabelschlüssel zum Abmontieren der Pedale nach hinten unten. Stellen Sie die Pedale waagrecht, um mehr Druck ausüben zu können. Drücken Sie dabei das Gegenpedal mit der freien Hand nach unten.

5. Sattel

Satteltypen

Den richtigen Sattel zu finden ist nicht leicht. Wir empfehlen das Sattelprofil zu betrachten. Es sollte über die gesamtte Sattelbreite möglichst flach sein. Geleinlagen sind auch oft hilfreich. Eine Probefahrt erleichtert die Auswahl.

Herrensattel mit Aussparung

Frauensattel mit Aussparung

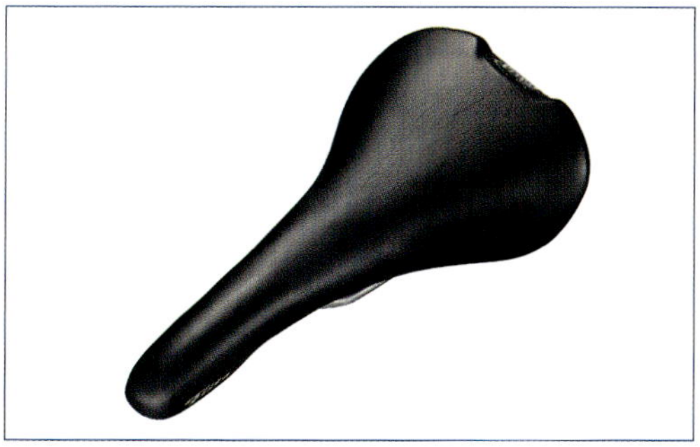

Herrensattel

Frauensattel

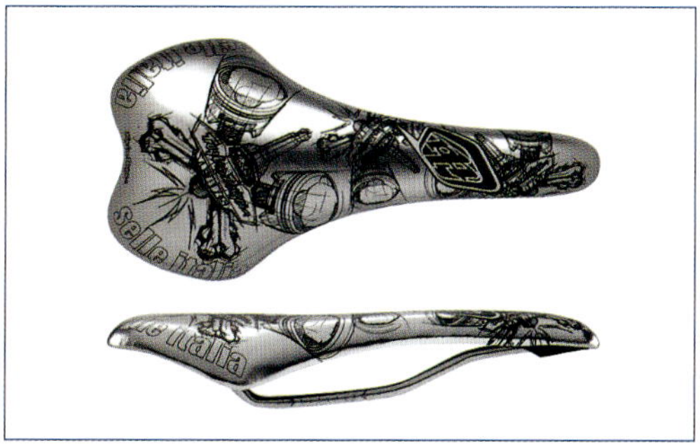

Freeridesattel

Tipp

Ein weiches Polster ist kein Merkmal für einen bequemen Sportsattel, eher im Gegenteil. In ein weiches Polster sinken Sie zwar anfangs angenehm ein, doch drückt es Ihnen bei längeren Ausfahrten wichtige Nerven und Blutbahnen ab. So kann es mit der Zeit zu Taubheitsgefühlen im Dammbereich und in den Beinen/Füßen kommen. Besser ist ein Gel-Polster, das punktuellen Druck flächig verteilen kann.

Es gibt Biker, die mit jedem Sattel zurechtkommen, und andere, für die die Suche nach einem geeigneten Sattel ein langer Weg ist. Häufig treten verschiedene Arten von Sitzbeschwerden wie Taubheitsgefühl, Druckstellen und Wundstellen auf und können einem das Leben schwer machen.
Grundvoraussetzung für beschwerdefreies Sitzen ist eine Fahrradhose mit einem hochwertigen Polster, das stets sauber gehalten werden sollte.
Montieren Sie den Sattel Ihres Bikes waagerecht. Nur so kann er die Funktion erfüllen, die ihm der Hersteller mit seiner speziellen Passform mitgegeben hat. Es ist keine Lösung, ihn mit leicht abgesenkter oder angehobener Nase zu montieren. Auf diese Weise handeln Sie sich eher zusätzliche Beschwerden ein. Sollten Sie trotzdem mit dem montierten Sattel nicht zurechtkommen, müssen Sie sich nach einer Alternative umsehen. Die Industrie hat mittlerweile eine breite Palette an Sattelpassformen entwickelt.
Ein wichtiges Komfortmerkmal ist ein eingebautes Gel-Polster. Dieses kann den punktuellen Druck der Sitzknochen verteilen und Schmerzen lindern. Auch eine Aussparung in der Mitte des Sattels ist wünschenswert, da mit ihr der Druck, der auf den Dammbereich wirkt, genommen wird.
Mittlerweile gibt es verschiedenste Damensättel, die an die spezielle Anatomie von Radfahrerinnen angepasst sind.
Natürlich ist es bei einer kurzen Probefahrt nicht möglich zu erkunden, ob ein Sattel Ihren Bedürfnissen entspricht. Andererseits können es sich die wenigsten Radsportgeschäfte leisten, Probesättel anzubieten. Lassen Sie sich daher am besten von einem qualifizierten Verkäufer beraten und kaufen den empfohlenen Sattel. Wenn Sie den Sattel schonend montieren, am besten umwickeln Sie dabei die Sattelstreben mit einem dünnen Klebeband, können Sie nun eine ausgedehnte Probefahrt bei schönem Wetter auf trockenem Untergrund machen. Spätestens nach einer Stunde wissen Sie, ob der Sattel für Sie geeignet ist oder nicht. Sollten Sie nicht mit dem Sattel zurechtkommen, wird der Sattel optisch noch neuwertig sein und Ihnen jedes gute Radgeschäft den Kaufpreis zurückerstatten. Heben Sie dabei unbedingt Originalverpackung und Rechnung auf.
Montieren Sie den Sattel möglichst nicht ganz vorn oder hinten, weil so die Belastung ungleichmäßig stark auf die Sattelstreben wirkt und diese brechen können.
Eine weitere Möglichkeit, den für sich passenden Sattel zu finden, ist es, den Sitzknochenabstand zu messen, da es Sättel in verschiedenen Breiten gibt. Für diesen Test nehmen Sie ein Stück möglichst weiche Wellpappe und setzen sich mit leicht angezogenen Beinen auf hartem Untergrund darauf, z. B. auf einer Treppenstufe. Drücken Sie nun fest die Sitzknochen in die Wellpappe. Nun zeichnen Sie einen Kreis um die Dellen und markieren die Mitte. Zu guter Letzt messen Sie den Abstand zwischen beiden Dellenmitten, der wahrscheinlich zwischen 9 und 14 Zentimeter liegen dürfte. Mit dieser Maßangabe können Sie nun den für Sie passenden Sattel im Geschäft auswählen. Ihre Sitzhöcker sollten bequem auf dem breitesten Teil des Sattels Platz finden.

Tipp

Ziehen Sie niemals eine Unterhose unter die Fahrradhose, da deren Ränder und Nähte jede Funktion einer guten Radhose zunichte machen.

Höhe einstellen

- Lösen Sie die Sattelstützklemme mit einem Inbusschluss.
- Drücken Sie den Sattel mit einer Drehbewegung nach oben oder unten.
- Ziehen Sie die Sattelstützklemme wieder fest an.
- Öffnen Sie den Schnellspanner.
- Stellen Sie die gewünschte Sattelhöhe ein.
- Schließen Sie den Schnellspanner wieder. Ziehen Sie die Schnellspannermutter so fest an, bis der Schnellspanner nach 90° Einschlag auf Widerstand stößt.

Achtung ⚠

Die meisten Sattelstützen haben eine Markierung, die anzeigt, wie tief sie im Sitzrohr stecken müssen. Hält man sich nicht daran, besteht die Gefahr, dass die Stütze bricht. Ist an Ihrem Sattel keine Markierung vorhanden, sollte die Sattelstütze mindestens 100 Millimeter oder ein Drittel ihrer Länge im Sitzrohr stecken.

Feineinstellung

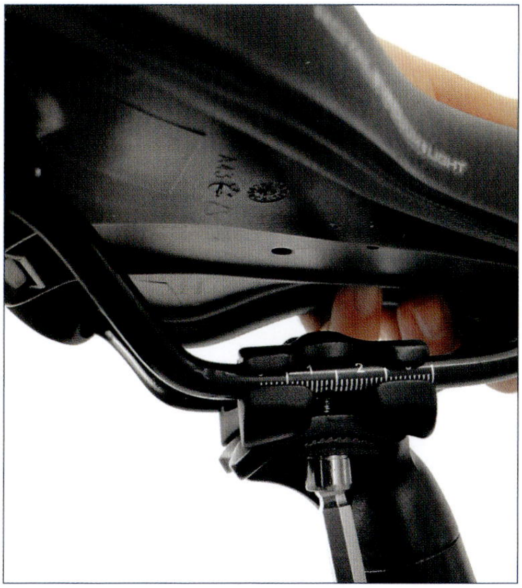

- Lösen Sie die Sattelklemmung unter dem Sattel mit einem Inbus oder Maulschlüssel.
- Bringen Sie den Sattel in die gewünschte Position (vor/zurück, Neigungswinkel).
- Ziehen Sie die Sattelklemmung wieder an.

6. Zubehör

Beleuchtung

Jedes Fahrrad muss für den Einsatz auf öffentlichen Straßen entsprechend der StVZO § 67 mit einer lichttechnischen Einrichtung ausgestettet sein. Diese muss vorschriftsmäßig und fest angebracht sowie ständig betriebsbereit sein und darf nicht verdeckt werden. Seit 1990 müssen auch weiße und rote Reflektoren montiert sein.

Verschiedene Ausführungen der Dynamos:

Reifendynamo/Seitenläufer
- ist am weitesten verbreitet,
- läuft auf der Radflanke,
- ☹ bei Nässe oder Schnee kann er leicht durchrutschen.

Rollendynamo
- wird hinter dem Tretlagergehäuse montiert,
- läuft auf dem Reifenprofil,
- ☹ ist nicht für Stollenreifen geeignet,
- ☹ entspricht nicht der deutschen StVZO.

Speichendynamo
- wird auf der Radachse montiert,
- der Antrieb erfolgt über einen kleinen Hebel, der in die Speichen greift,
- ☺ hat keine Antriebsprobleme,
- ☹ passt heute in fast keine Gabel mehr,
- ☹ komplizierte Montage bei Radausbau.

Nabendynamo
- ist geschützt in der Nabe integriert,
- ☺ hat eine sehr gute Wirkung,
- ☺ hat keine Antriebsprobleme,
- vor dem Radausbau muss darauf geachtet werden, den Dynamostecker zu ziehen.

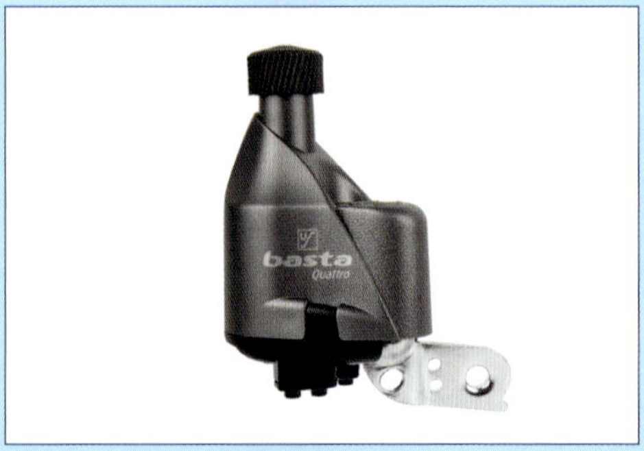

Reifendynamo/Seitenläufer

Nabendynamo

Tipp

Wenn Sie mit dem Rad an einer Ampel stehen, erlischt bei den Dynamos das Licht (außer bei integriertem Standlicht). Sie wollen dennoch gesehen werden? Montieren Sie eine Standlichtanlage oder akkubetriebene Anstecklichter.

Reifendynamo montieren

Schrauben Sie den Dynamo so an die Gabel, dass die Reibrolle auf dem geriffelten Streifen der Radflanke läuft.

2

Richten Sie den Dynamo so aus, dass er parallel zu den Speichen steht.

3

Ziehen Sie die Befestigungsschraube fest an.

Verkabelung

Kabel verlegen

1

- Neue Lampen werden oft durch Flachstecker angeschlossen.
- Haben Sie noch eine Lampe oder Dynamo mit Plastikstecksystemen, sind die Kabel isoliert. Schneiden Sie die Isolierung an den Enden rundum mit einem Messer vorsichtig ein. Nicht in die Kupferdrähte schneiden! Ziehen Sie nun die Enden der Isolierung mit dem Daumennagel ab.
- Beginnen Sie an den Lampen und halten Sie die Kabel bis zum Dynamo straff am Rahmen entlang, um die erforderliche Kabellänge abzumessen. Im Bereich des Steuerkopfes (Übergang Vorderradgabel/Rahmen) sollten Sie eine ausreichend große Schlaufe legen, sodass der Lenker voll in beide Richtungen eingeschlagen werden kann, ohne das Kabel zu sehr zu spannen.

Verkabelung mit doppeladrigem Kabel

Wenn Sie einen Anschluss für doppeladrige Kabel mit Flachsteckhülsen haben.

- stecken Sie das Stromkabel an den Stromkontakt,
- stecken Sie das Massekabel (weiß) an den Massekontakt.

Wir empfehlen den Anschluss mit einem doppeladrigen Kabel, da bei einer einadrigen Verkabelung die Lichtanlage wegen Kontaktproblemen bei der Stromführung über den Fahrradrahmen oft ausfällt. (Strom und Masse sind hier nur Hilfsbegriffe, da Wechselstrom besteht.)

- Lassen Sie die Kabel am Dynamo lang genug überstehen. Schließen Sie nun die Kabel an der Lampe an und befestigen Sie diese von dort beginnend mit Kabelbindern am Rahmen. Ziehen Sie die Kabelbinder fest mit einer Kombizange an, um die Kabel eng am Rahmen entlanglaufen zu lassen. Lassen Sie das letzte Stück vor dem Dynamo noch frei. Halten Sie die Kabel bis zum Dynamoanschluss, geben Sie 10 Zentimeter Kabel dazu und schneiden es dann ab.
- Zu guter Letzt verkabeln Sie die Enden mit den vorgesehenen Anschlüssen am Dynamo und befestigen das fehlende Kabelstück mit Kabelbindern am Rahmen.

Hinweis

Um den Reifendynamo anzuschalten, muss ein Knopf leicht nach unten gedrückt werden.
Um den Reifendynamo vom Reifen wieder zu entfernen, genügt es, den Dynamo mit leichtem Zug wegzuziehen.

Schlösser

Ein Fahrradschloss gehört auf jeden Fall zu der Grundausstattung eines Rades, um einen Diebstahl zu vermeiden. Neben vielen einfachen und unsicheren Billigschlössern kann man grundlegend fünf verschiedene Arten von Schlössern unterscheiden. Damit Sie sich für ein passendes Schloss entscheiden können, finden Sie hier einen kleinen Überblick.

Bügelschlösser

Die schweren Stahlbügel sind im Moment das Beste, was man an Sicherheit für sein Fahrrad bekommen kann. Bei den stabil gebauten Markenprodukten ist ein gewaltsamer Aufbruch auf offener Straße eher unwahrscheinlich. Leider muss man dazu sagen, dass gegen ein professionelles Knacken, das sogenannte »Lockpicking«, nur die teuren Topmodelle der renommierten Hersteller schützen. Überlegt man sich aber, wie viel Geld man für sein Fahrrad ausgegeben hat, ist eine Mehrinvestition lohnenswert.

Panzerkabel und Ketten

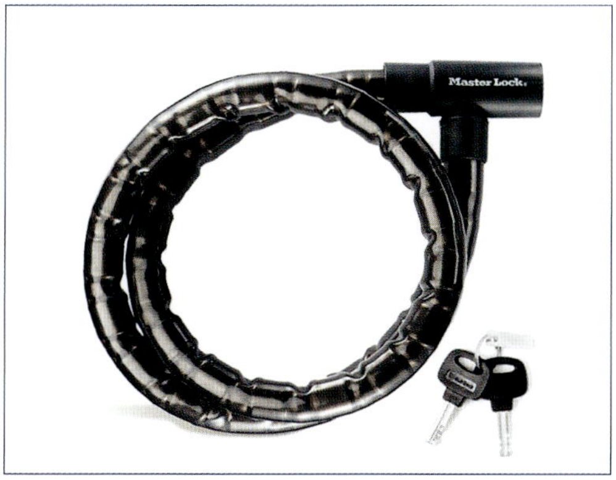

Bei guten Panzerkabeln und Kettenschlössern werden die gleichen Schließmechanismen verwendet wie bei den Stahlbügeln, damit sind sie fast ebenso sicher. Dazu kommt, dass die Panzerung und Kettenglieder sehr widerstandsfähig geworden sind. Der Vorteil dieser Schlösser ist, dass sie wesentlich flexibler sind und sich somit mehr Möglichkeiten zum Anschließen der Fahrräder bieten, zum Beispiel an Bäumen und Straßenlaternen.

Rahmenschlösser

Rahmenschlösser eignen sich nicht als alleinige Diebstahlsicherung. Sie können sie gut zusätzlich zu einem Panzerkabel oder Bügelschloss als »Wegfahrsperre« verwenden. Dies hat den Vorteil, dass man gegen einen Teileklau am Hinterrad gesichert ist.

Spiralkabelschlösser

Auch die Spiralkabelschlösser bieten nicht genug Sicherheit, um das Fahrrad unbeobachtet zurückzulassen. Meist reicht ein Seitenschneider, um das Seil zu knacken, da spielt der Schließmechanismus eine untergeordnete Rolle.

In vielen Tests wird immer wieder belegt, dass die Bügelschlösser die sichersten Schlösser sind. Diese sind leider ein wenig teurer aufgrund der verwendeten Materialien, aber es lohnt sich, ein wenig mehr Geld für ein gutes Schloss auszugeben. Die Kosten und der Ärger, die bei einem Diebstahl entstehen, sind meist größer. Sie sollten fünf bis zehn Prozent des Neupreises Ihres Fahrrads für einen Diebstahlschutz ausgeben.

Tipp

Vor einem Fahrraddiebstahl ist man leider nicht gefeit, besonders wenn der Diebstahl über längere Zeit genau geplant ist. Wichtig ist, dass Sie Ihr Fahrrad richtig anschließen. Hier haben wir ein paar Tipps für Sie zusammengestellt:

- Anschließen, nicht nur abschließen
  Der Rahmen sowie Vorder- und Hinterrad sollten an einem festen Gegenstand oder Fahrradständer angeschlossen werden. Sie sollten darauf achten, dass das Objekt hoch genug ist, damit man das Fahrrad samt Schloss nicht darüberheben kann.
- Öffentlichkeit
  Stellen Sie Ihr Fahrrad an belebten Straßen ab und nicht an uneinsehbaren Wegen oder einsamen Plätzen.
- Geschlossene Räume
  Die beste Variante für zu Hause ist der eigene Keller. Auch dort sollten Sie Ihr Fahrrad anschließen oder Sie nutzen spezielle, abschließbare Fahrradboxen.
- Abstellanlagen
  In Abstellanlagen kann man den Rahmen und das Vorderrad mit einem Schloss am Ständer anschließen. Der Vorteil ist, dass das Fahrrad nicht wegrollen und nicht umkippen kann, auch im beladenen Zustand.
- Einzigartigkeit
  Je ausgefallener Ihr Fahrrad aussieht, desto individueller und unverwechselbar wird es. Damit erschweren Sie es dem Dieb. Er bekommt so ein außergewöhnliches Rad schwerer wieder los.
- Codierung
  Soweit es von Ihrer Gemeinde angeboten wird, können Sie Ihr Fahrrad codieren lassen.
- Fakten
  Bei Ihrem Fahrradhändler, der Polizei oder Ihrer Versicherung können Sie sich einen Fahrradpass besorgen. Dort können Sie alle wichtigen Informationen wie Rahmennummer, Fabrikat und andere besondere Merkmale notieren.
- Unberechenbarkeit
  Wechseln Sie ab und zu den Standort, an dem Sie Ihr Fahrrad anschließen. Stellen Sie es immer an der gleichen Stelle ab, liefern Sie dem vermeintlichen Dieb nützliche Informationen über Ihr Abstellverhalten und das Rad kann so schneller gestohlen werden.

Pumpe

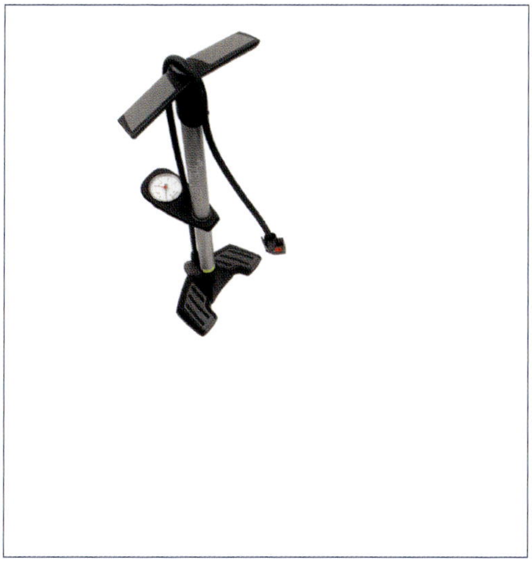

Standpumpe

Minipumpe

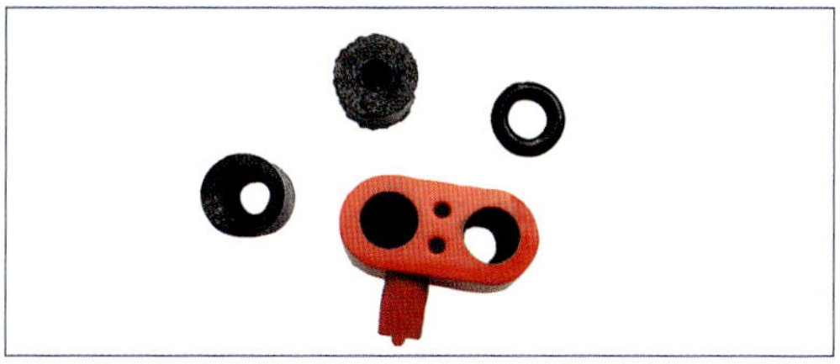

Adapter

Eine Fahrradpumpe dient dazu, den Fahrradreifen mit Luft zu befüllen, gleichzeitig wird der Innendruck des Reifens erhöht. Die verschiedenen Luftpumpen kann man in Hand-, Fuß- und Standpumpen unterscheiden. Handpumpen gibt es in verschiedenartigen Ausführungen, in langer und kurzer Bauweise, in Metall- oder Kunststoffausführung. Sie können am Fahrrad mitgeführt werden, aber es lässt sich meist nur ein Druck bis zu 5 Bar aufbauen. Bei den Standpumpen dagegen ist ein Druckaufbau von 11 Bar möglich.
Nicht jede Pumpe ist für die schon beschriebenen unterschiedlichen Ventile zweckmäßig. Es sei denn, Sie nutzen eine Universalpumpe oder schrauben die jeweiligen Adapter auf die Pumpe.
Die Kompressoren an Tankstellen sind nicht geeignet für Fahrräder mit dünneren Reifen, da sie zu schwach dimensioniert sind. Für Rennradler sollte die Luftaufnahme an Tankstellen nur eine Notlösung sein. Dagegen sind Tankstellen für Alltagsräder mit Adaptern oder Autoventilen gut nutzbar. Trotzdem sollten die Luftpumpen an Tankstellen mit Vorsicht benutzt werden, da es durch eventuelle Druckstöße oder Fehlbedienungen zu Reifenplatzern kommen kann.

Gepäckträger

Gepäckträger hinten

Lowrider

Es gibt verschiedene Arten von Gepäckträgern, man kann Gepäckträger am Hinter- und über dem Vorderrad montieren.
Die sogenannten Lowrider haben den Gepäckträger an der Vorderradgabel befestigt. Sie bestehen vorwiegend aus Aluminium und Stahl, wobei die belastbareren Typen aus dünnwandigen Stahlrohren bestehen.
Das maximale Gewicht eines Gepäckträgers ist bei einigen Marken auf dem Träger eingeprägt. Grundsätzlich sollte das Gewicht am Hinterrad 25 Kilogramm, an einem Lowrider je Seite 12 Kilogramm nicht überschreiten. Eine Ausnahme stellt der Expeditionsträger dar, dieser kann bisweilen mit bis zu 40 Kilogramm belastet werden. Sie sollten darauf achten, dass für diesen speziellen Gepäckträger der Rahmen Ihres Fahrrades zugelassen ist.
Viele Gepäckträger werden am Hinterrad auf die sogenannte Pletscherplatte montiert, diese befindet sich am oberen Ende der Hinterradgabel und dient auch zur Montage der Schutzbleche.
Hardtail-Mountainbikes und die neueren Reise- und Trekkingräder sind nicht mit einer Pletscherplatte ausgestattet. Hier wird der Gepäckträger an zwei Gewindeösen, die sich beidseitig an der Gabel befinden, mittels Lochblechen oder andere Verbindungsteile verschraubt.
An Fahrrädern mit einer Hinterbaufederung ist der Gepäckträger nur gering belastbar, meist nur zwischen 8 Kilogramm und 12 Kilogramm. Der nachträgliche Anbau ist oft nur mit einer Klemmschelle an der Sattelstütze möglich. Sollten Sie doch einen belastbareren Gepäckträger wünschen, sollten Sie vor dem Kauf Ihren Hersteller

kontaktieren, der Ihnen dann spezielle Konstruktionen anbieten kann.
Ältere Vorderradgepäckträger werden an den Montagepunkten des Schutzbleches montiert und tragen die Last über dem Vorderrad.
Eine neue Entwicklung ist der Lowrider. Der Gepäckträger ist an der Gabel befestigt, hat die Masse aber dicht an der Lenkachse, somit wird das Lenkverhalten nur geringfügig beeinflusst. Das Trägheitsmoment und die Lenkkräfte werden minimiert, dadurch wird der Fahrkomfort erhöht und ermöglicht eine balancierte Verteilung des Gewichts auf Vorder- und Hinterrad.
Beim Beladen der Packtaschen sollten Sie darauf achten, dass Sie große Gewichte möglichst weit unten platzieren. Dies ist besonders wichtig beim Vorderradgepäckträger.

Gepäckträger Federung

Gepäckträger Sattel

Gepäckträger vorne

Rennrad

Radfahren ist toll. Man ist schneller als zu Fuß, erlebt die Umwelt aber dennoch intensiv. Rennradfahren ist noch schneller. Und intensiver. Die aerodynamische Haltung, das geringe Gewicht und lange Übersetzungen ermöglichen den Rausch der Geschwindigkeit, Dreifach-Kettenblätter und »Bergritzel« bügeln Hügel ein bisschen glatter. Und da ist noch der Mythos: Tour de France, Paris-Roubaix ... Diese Namen beschwören das gedankliche Bild eines sehnigen, durchtrainierten Körpers auf, der auf seiner Rennmaschine Wind, Wetter und Hitze trotzt und sich inmitten jubelnder Menschen über Berge oder Kopfsteinpflaster kämpft. Ein Rennrad ist ein Sportgerät. Komfort und Alltagstauglichkeit bleiben hier und da ein wenig auf der Strecke. Doch was bleibt ist das Gefühl, ein Held zu sein. Ein Held der Landstraße.

CUBE

Grundkenntnisse/Fachbegriffe

Das Rennrad und seine Bauteile

Komplettes Rennrad

Das klassische Rennrad in seiner zeitgemäßen Ausführung:

Schalthebel/Lenker

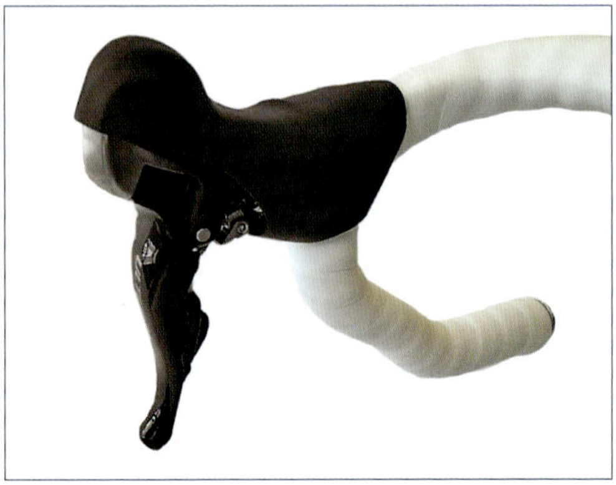

Schalten und bremsen in einem: Diese Hebel ermöglichen es dem Fahrer, seine Hand stets am Lenker zu belassen. Zudem dienen Sie als ergonomische Handablagen.

Bremskörper

Die aktuellen Seitenzugbremsen sind meist in der Doppelgelenkbauweise im Einsatz. Sie erreichen durch voluminöse Profile der Hebelarme und durch ausgewogene Gummimischungen der Bremsbeläge hervorragende Bremsleistungen.

Kurbelsatz

Tretkurbeln gibt es in verschiedenen Längen, passend für die individuelle Beinlänge, Kraft und Trettechnik des Fahrers. Auch die Übersetzung gibt es in verschiedenen Varianten: Standard (53/39) für Rennfahrer, Kompakt (50/34) für den alltäglichen Gebrauch und Dreifachkettenblätter (52/42/30) für den Einsatz in bergigem Terrain.

Eine **Kompaktkurbel** unterscheidet sich von den herkömmlichen Zweifach-Kettenblattgarnituren durch kleinere Kettenblätter. Dies gibt vor allem Anfängern und weniger gut trainierten Fahrern die Gelegenheit, »kleinere« Gänge zu fahren, ohne eine Dreifach-Garnitur verwenden zu müssen. Nachteile dieser Kompaktkurbel sind der große Übersetzungssprung zwischen großem und kleinem Kettenblatt und der starke Kettenschräglauf.

Die schon erwähnten Dreifach-Kurbelsätze sind eine gute Alternative zu den Kompaktkurbeln. Diese sind allerdings bei den Rennradfahrern aufgrund des höheren Gewichts und des klobigen Aussehens nicht sehr beliebt, da sie auch an sehr steilen Steigungen eine Übersetzung erlauben, die der Durchschnittsfahrer treten kann. Die Abstufung der Zahnkranzkassette ist breit gefächert. Bei derzeit zehn Zahnkränzen kann man von der Zeitfahrübersetzung bis hin zur leichtgängigen Bergübersetzung beinahe alles montieren. Das dazu passende Schaltwerk bieten die Hersteller ebenfalls an.

Gabel/Laufrad

Die Vorderradgabel von heute besteht aus Carbon. Das macht sie leicht, ausreichend steif und verleiht ihr dämpfende Eigenschaften. Systemlaufräder haben beim Rennrad das klassische 32-Speichen-Rad weitgehend abgelöst.

Reifen/Ventil

Der gängige Rennradreifen hat einen inneren Durchmesser von 622 Millimeter und passt mehr oder minder gut als sogenannte Drahtreifen auf alle angebotenen Rennradfelgen. Die vorherrschende Reifenbreite liegt bei 23 Millimeter.

Bei Rennrädern kommt das hochdrucktaugliche Sclaverand-Ventil, bekannt auch als französisches oder Rennrad-Ventil, zum Einsatz.

Tipp

Faltreifen haben den Vorteil, dass sie in unterschiedlichen Breiten erhältlich sind. Da proportional zur Breite auch die Höhe ansteigt, hat ein 25 oder 28 Millimeter breiter Rennradreifen ein höheres Luftvolumen und dämpft deutlich besser. Auf längeren Touren oder auf schlechtem Untergrund ist das ein Komfort, den man sich leisten sollte. Die etwas höhere Rollreibung, die ein breiterer Reifen haben kann, ist verschwindend gering.

Rahmen

Überwiegend werden vier Werkstoffe für den Rennradrahmenbau verwendet:

- Aluminium: meist Aluminium-Magnesium-Silizium-Legierungen
- Carbon: verwobene Kohlefasern die mit Epoxidharz verklebt werden
- Stahl: meist Chrom-Molybdän-Legierungen
- Titan: meist Titanlegierungen.

Jeder dieser vier Werkstoffe hat seine spezifischen Vor- und Nachteile. Stahlrahmen sind schwerer als die Rahmen aus den übrigen Werkstoffen, doch sind sie neben Titanrahmen wohl die robustesten, wenn es um Biegebelastungen und kleinere Alltagsbeschädigungen wie Kratzer oder Beulen beim Transport geht. Aufgrund der geringeren Rohrdurchmesser von Stahlrahmen sind diese meist nicht so seitensteif wie Rahmen aus Aluminium oder Carbon. Rahmen aus entsprechend dimensionierten Aluminiumrohren liegen in Sachen Gewicht und Steifigkeit immer noch weit vorn.
Möchte man einen Rahmen mit vernünftigem Gewicht zu einem günstigen Preis, gibt es nur Aluminium. Aus Carbon lassen sich die leichtesten und zugleich steifsten Rahmen fertigen. Die aber sind sehr teuer und im täglichen Einsatz äußerst empfindlich.
Titan ist ein sehr teurer Werkstoff, der zudem nicht ganz leicht zu verarbeiten ist. Daher sind diese Rahmen selten auf dem Markt zu finden.
Körperliche Merkmale des Fahrers und vorgesehener Einsatzzweck des Rennrads sollten die Auswahl des Rahmenmaterials bestimmen.

Schaltgruppe

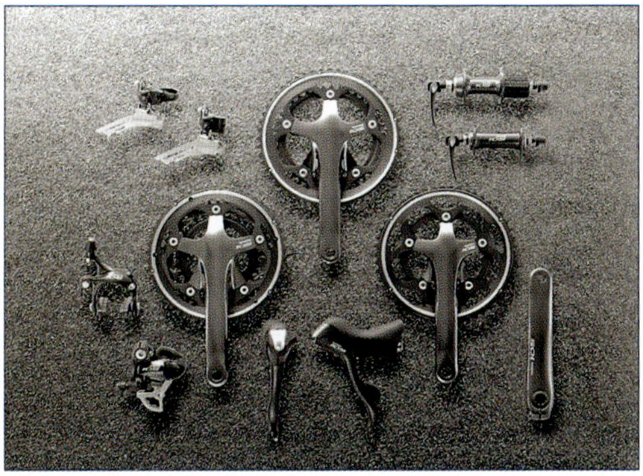

Wenn wir uns hier allein auf die Komponentengruppen von Shimano beziehen, liegt es nicht daran, dass wir von Campagnolo oder SRAM nichts halten, sondern an der Häufigkeit der verbauten Teile auf dem deutschen Markt. Campagnolo wird überwiegend von eingeschworenen Anhängern der italienischen Edelmarke verwendet, und SRAM bedient besonders die gewichtsfixierten Rennfahrer.
Von Shimano sind alle Rennradkomponentengruppen gut. Mit jeder könnten Sie ohne Probleme eine mehrtägige Etappenfahrt wagen ... und würden zumindest nicht am Material scheitern.

Schon die günstigsten Gruppen wie Sora und Tiagra sind funktional und belastbar. Ab der 105er-Gruppe sind die Teile edel und absolut renntauglich. Sie bekommen gute Bremsen, die ordentlich verzögern, Kurbeln von 165 bis 180 Millimeter Länge und Getriebeabstufungen für alle vorstellbaren Einsatzbereiche. Von der bergtauglichen Dreifachkurbel bis hin zur Zeitfahrübersetzung mit 56/44 Zähnen. Kassetten mit zehn Zahnkränzen lassen sich als »Stufe« für Rennfahrer mit 11/21 bis hin zu hochalpinen Rettungsringen mit maximal 29 Zähnen beziehen. Oft ist es notwendig und durchaus sinnvoll, die sogenannten »Rettungsringe«, die bei Rennfahrern schon ab 23 Zähnen beginnen, aufzuketten, da diese eine angenehm leicht zu tretende Übersetzung bieten. Zum einen hat man selbst für üble Steigungen noch ausreichend Möglichkeit, diese zu bewältigen, zum anderen kann man mit der kürzeren Übersetzung seine Kräfte schonen und durch leichteres Pedalieren den Körper an langen Steigungen regenerieren.
So können Sie je nach Einsatzzweck, Neigung, Selbsteinschätzung und finanziellen Möglichkeiten die angemessene Rennradgruppe auswählen. Wobei natürlich zu berücksichtigen ist, dass die Gruppen aus dem höheren Preissegment die leichtesten und formschönsten sind. Radprofis nutzen diese täglich. Wenn Sie kein Radprofi sind und auch nicht absehen können, einer zu werden, benötigen Sie nicht unbedingt die hochwertigste Gruppe. Eine Schaltung aus der mittleren Preisklasse eignet sich genauso. Wenn Sie dann noch etwas Zeit in die Aufrechterhaltung der Funktion und in die Wartung der Bauteile investieren, werden Sie lange Freude an Ihrer Schaltung haben.

Elektronikschaltung

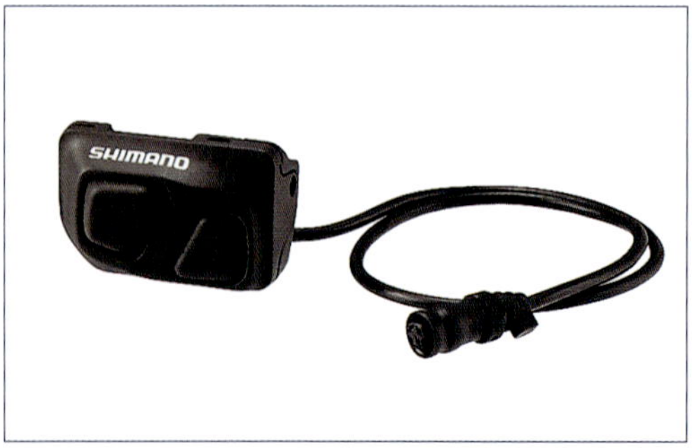

Eine Evolution im Rennradbereich sind die neuen Elektronikschaltungen, die einige Hersteller, allen voran Shimano, gerade auf dem Markt platzieren. Experten vermuten, dass dies die Zukunft des Rennradfahrens ist. Das Wechseln der Gänge funktioniert per Knopfdruck. Ein minimaler Hebelweg und ein eleganter Wechsel der Kette auf das große Kettenblatt machen das Schalten unglaublich einfach. Besonders der Umwerfer (s. S. 54 f.), der beim herkömmlichen Schalten eine hohe Kraft braucht, um auf das große Kettenblatt zu gelangen, springt nun geschmeidig weiter. Pro Klick schaltet man ein Ritzel weiter. Dabei kann man präzise auch mehrere Gänge kurz hintereinander schalten.

Elektronikschaltungen wie die Shimano Di2 zum Beispiel sind sehr wartungsarm, da sie bei Kompletträdern meist im Rahmen integriert sind und somit nicht mit Wasser in Berührung kommen können. Probleme mit dem Wechseln von Schaltzügen und verdreckten Zughüllen gibt es hier nicht mehr. Elektronische Schaltungen werden mit einem Akku betrieben, der momentan schon eine sehr gute Akkuleistung mit sich bringt. Für die folgenden Generationen dieser Schaltungen soll sie aber noch deutlich verbessert werden. Geht der Akku zur Neige, wird dies optisch angezeigt. Selbst dann kann man aber immer noch 300 Kilometer weit fahren.
Leider kostet ein Rad mit Elektronikschaltung momentan noch zwischen 5000 und 13 000 Euro. Um dem Ziel nachzugehen, eine breite Masse an Rennradfahrern anzusprechen, wird der Preis zukünftig mit Sicherheit sinken. Wenngleich komplette Gruppen der neuen Elektronikschaltung angeboten werden und auch einige Fachzeitschriften die Montage und Einstellung erläutert haben, empfiehlt es sich dem Laien, wirklich genau zu überlegen, ob es für ihn sinnvoll ist, den Umbau seines Fahrrades in Eigenregie durchzuführen. Oftmals sind Rahmen älterer Baujahre nicht ausgelegt, die Verkabelung und die Akkueinheiten adäquat aufzunehmen. Ferner sollte auch geprüft werden, ob der Schwenkbereich des vorderen Kettenwerfers ausreicht, die Kette auf alle Blätter zu heben. Besonders bei alten Stahlrahmen kann es da mit der Kettenlinie Probleme geben. Wenn sich keine Aufnahme für die Verkabelung bietet, sieht auch eine moderne Schaltung lausig aus, wenn sie mit viel Kabelbinder und Isolierband am Fahrrad angeheftet wird.
Sicher geht der geneigte Bastler und Technikenthusiast, wenn er sich unverbindlich in der Werkstatt seines Vertrauens zu diesem Thema beraten lässt.

Laufräder und Reifen

Bis vor einigen Jahren nutzte alle Welt das klassische Laufrad mit meist 32 Speichen, die in der Regel dreimal gekreuzt in einer geösten Kastenfelge eingehängt waren. Die Naben der großen Hersteller hatten meist niedrige Nabenflanschen. Heute hat sich das Systemlaufrad durchgesetzt. Bei neuen Rennrädern ist es schon in der Erstausstattung montiert. Diese Laufräder haben weniger Speichen, sind aerodynamisch, elegant und leicht. Immer häufiger wird auch Carbon als Werkstoff für Felgen und Nabenhülsen verwendet. Das spart Gewicht und sieht optisch gut aus.

Das klassische Laufrad ist mit Hackenfelgen ausgestattet, auf denen einfache Drahtreifen montiert werden. Mittlerweile nennt man diese Felgenart auch »Clincher«. Drahtreifen müssen bei Rennrädern nicht zwingend Stahldrähte im Wulst haben; meist befinden sich dort Nylon- oder Kevlarfäden, die den Reifen stabilisieren, ihn faltbar und leicht machen. Wie bei normalen Fahrrädern schiebt man einen Schlauch in den Reifen und montiert ihn auf der Felge. Der Aufschwung der Carbonfelgen brachte den nahezu ungebräuchlichen Schlauchreifen wieder in Mode. Diese Reifen haben einen Schlauch eingenäht und werden mit speziellem Kitt oder Klebeband auf die Felgen geklebt.

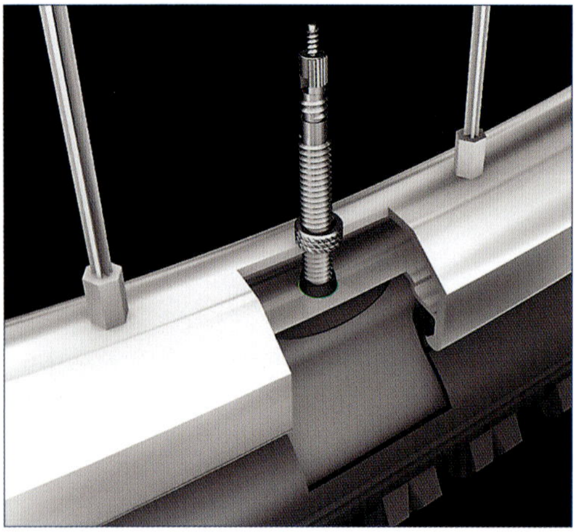

Gemeinsam ist allen Schläuchen das sog. französische oder Sclaverand- Ventil, das durch seinen geringeren Durchmesser auch nur eine geringere Bohrung in der Felge erfordert.

Kaufberatung

Welches Rad zu welchem Zweck?

Für welchen Einsatzzweck benötigen Sie Ihr Rad? Überdenken Sie Ihre körperlichen Voraussetzungen und Neigungen. Verfügen Sie nicht über die körperliche Fitness und die Leidensfähigkeit eines Radprofis, sollten Sie auch nicht versuchen, dessen Material und Sitzposition zu imitieren. Natürlich sieht das aerodynamisch aus, aber unangemessenes Material und unpassende (Sattel-)Einstellungen können Ihre Freude am Rennradsport sehr schnell und nachhaltig trüben.
Das Rennrad ist ein Werkzeug, das Ihre Kraft möglichst effektiv in Bewegung umsetzen soll. Deshalb ist es Voraussetzung, dass Rahmengröße, Rahmenlänge und Laufraddurchmesser zu Ihren Körpermaßen passen. Fahren Sie ein potenzielles Rennrad auf jeden Fall Probe.
Grundsätzlich sollten Sie über dem Oberrohr stehen können und wenigstens eine Handbreite bis zum Schritt haben. Der Sattel sollte so weit ausgezogen sein, dass Sie mit dem Fußballen auf dem Pedal in der tiefsten Kurbelstellung das Bein nicht ganz durchgestreckt haben.
Zur groben Erfassung der Sitzlänge reicht es, den Ellbogen an die Sattelspitze zu legen und die Finger in Richtung Lenker entlang des Oberrohres auszustrecken. Im günstigsten Fall erreicht man so beinahe die Lenkermitte. Fehlen aber mehr als vier Fingerbreiten, so ist das Rad zu lang.

Rahmen

Bei herkömmlichen Straßenrädern hat sich der vom UCI-Reglement vorgeschriebene klassische Diamantrahmen durchgesetzt. Viel mehr Freiheiten gibt es bei Zeitfahrmaschinen und Rekordrädern. Es muss aber beim Rahmen die Form eines Dreiecks erkennbar sein, um bei Wettbewerben teilnehmen zu dürfen. Dieses Reglement soll eine Chancengleichheit herstellen.
Es werden heutzutage auch spezielle Rahmen für Frauen angeboten. Im Vergleich zu einem Rennrad für Männer haben sie einen kürzeren Radstand oder kürzere Oberrohre. Außergewöhnliche Fahrräder gibt es zum Beispiel im Triathlonbereich, hier werden freie Konstruktionen bis hin zu Monocoques aus Verbundwerkstoffen genutzt. Für den Rahmenbau werden Stahl, Aluminium, Carbon und Titan als Materialien verwendet. Ebenso gebräuchlich sind Kombinationen aus mehreren Materialien, zum Beispiel Carbon und Titan oder Aluminium und Carbon.
Ein besonders leichter Rahmen ist nur bedingt ein Vorteil, da er nur einen Teil des Radgewichts bestimmt. Leichte Rahmen verfügen über geringe Lenkkopf- und Tretlagersteifigkeiten, dadurch nimmt die Effizienz des Tretens ab, zusätzlich senkt es die Fahrsicherheit. Mehr Sinn macht es, Sie sparen an Masse bei rotierenden Teilen, da diese stärker beschleunigt werden müssen als der Rest des Bikes. (Bestimmung der Schrittlänge s. S. 19 Trekkingbike.)

26-Zoll-Räder

Personen mit einer Körpergröße von weniger als 1,60 Meter sollten sich ein Rennrad mit den kleineren Laufrädern (26 Zoll Durchmesser) anschaffen. Bei diesen Modellen steht die Geometrie für kleinere Fahrer in einem günstigeren Verhältnis.

Sitzposition

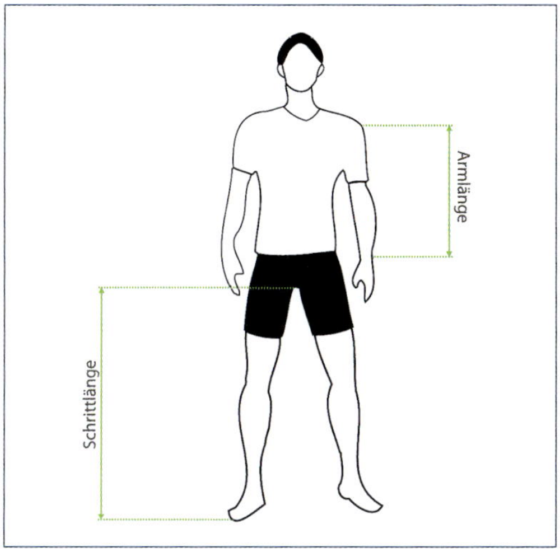

Wollen Sie Ihre individuelle **Sitzhöhe** bestimmen, so können Sie diese wie folgt berechnen. Wichtig hierfür sind die Innenbeinlänge, die Rumpflänge und die Armlänge.
Die Sitzhöhe, also die Strecke zwischen der Mitte der Innenlagerachse und der Oberkante des horizontal ausgerichteten Sattels, berechnet sich aus: Schrittlänge x 0,885.
Je nach Pedalsystem und bevorzugter Trittechnik kann man 10 Millimeter zugeben oder abziehen. Die Systempedale der unterschiedlichen Hersteller haben oftmals zwischen der Pedalachse und der Aufstands-

fläche des Rennschuhs Höhendifferenzen von einem Zentimeter. So bauen Speedplay-Pedalsysteme sehr niedrig gegenüber den einfacher zu handhabenden Shimano- oder Look-Systemen. Auch die Tritttechnik spielt eine entscheidende Rolle: Fahrer, die gerne kurz und kräftig fahren oder einfach nur gerne große Gänge mit niedrigen Frequenzen rumquetschen, also eher auf der Hausrunde sprinten, können gerne etwas höher sitzen, um so das etwas günstigere Hebelverhältnis der Beine für sich auszunutzen.

Fahrer, die mehr Strecke fahren oder Wert auf Souplesse legen, fahren hingegen mit etwas weniger Sattelauszug. Wichtig ist bei aller theoretischen Vorbereitung letztlich das Ausprobieren und das »Erfahren« der individuellen Sitzposition. Oft braucht es viele Kilometer und ein ausreichendes Maß an Selbstbeobachtung und Willen zur Optimierung. Rennradfahren soll Freude bereiten und nicht die Leidensfähigkeit schulen, wenigstens nicht zu Anfang.

Schrittlänge	Oberrohrlänge	Rahmenhöhe
70	67	45–48
72	69	46–50
74	70	47–51
76	72	48–52
78	74	50–54
80	76	51–55
82	78	53–57
84	80	55–59
86	82	56–60
88	84	57–61
90	86	58–62
92	87	59–63
94	89	60–64
96	91	61–65
98	92	62–66
100	93	63–67

Sitzlänge

Die Sitzlänge, also die Strecke zwischen Sattelspitze und Lenkermitte, rechnet je nach gewünschter Haltung auf dem Rad mit unterschiedlichen Faktoren. Wir berechnen hier die gemäßigte Haltung und rechnen wie folgt:

Rumpflänge + Armlänge x 0,525 – Sattellänge x 0,6

Sattelposition

Grundsätzlich sollte der Sattel horizontal ausgerichtet sein.

Tipp

Hilfreich ist es bei neueren Modellen, die Sattelnase ganz geringfügig anzuheben, sodass sich nach einiger Zeit eine kleine Sitzkuhle ausbildet; bei Carbonsätteln funktioniert das natürlich nicht.

Zuerst müssen Sie die Position der Radschuhe auf den Pedalen festlegen. Dann stellen Sie die Kurbel waagrecht und lassen unterhalb der Kniescheibe ein Lot hinab. Dieses sollte genau durch oder knapp hinter die Achse des vorderen Pedals führen (s. Trekkingbike S. 22).

Das Wichtigste ist ein harmonischer Bewegungsablauf und ein gutes Körpergefühl beim Fahren.

Überhöhung

Auch wenn ein Rennrad mit großem Höhenunterschied zwischen Sattel und Lenker einen sportlichen Eindruck verbreitet, haben Sie nichts davon, wenn Ihnen nach wenigen Kilometern Gesäß, Rücken und Nacken wehtun. Wählen Sie daher den Vorbau mit Bedacht aus. Rennradeinsteiger wählen ihn lieber etwas kürzer und steiler als zu lang und flach. Oft hilft es schon, sich beim Händler den Vorbau nach oben umdrehen zu lassen. Das kann die Lenkerhöhe des Vorbaus um etwa 30 Millimeter erhöhen. Mit weniger als 5 Zentimeter Überhöhung, also einem Höhenunterschied zwischen einer gedachten Linie vom Sattel zum Lenker, entlastet man den gesamten muskulären Halteapparat und kann immer noch in der Unterlenkerposition Tempo machen.

Bremshebeleinstellung

Grundsätzlich sollte der Lenker so am Rennrad montiert sein, dass die Lenkerenden parallel zum Boden stehen. Die Bremshebel werden so montiert , dass sie am unteren Ende auf einer Ebene mit dem waagerechten Stück des Rennbügels liegen. Allerdings hat sich gezeigt, dass man im nicht wettkampfmäßigen Fahrbetrieb angenehmer schalten und bremsen kann, wenn der komplette Hebel etwas höher am Lenkerbügel montiert wird. Geht man also wieder von der waagerechten Linie des unteren Lenkerbügels aus, so können die Enden der Bremshebel gerne 1 bis 1,5 Zentimeter darüber liegen.

Tipp

Für Einsteiger kann es angenehmer sein, den Lenker ganz leicht nach oben zu verdrehen. So mancher hat dadurch eine entspanntere Haltung an den Bremshebeln.
Für Menschen mit kleineren Händen oder mit geringer Handkraft bietet Shimano bei einigen Bremsschalthebeln die Option, die Hebelweite mittels Einlegeplatten zu reduzieren.

Gewichtstuning oder Systemgewicht

Die meisten aktuellen Rennradmodelle liegen bei einem fahrfertigen Gewicht von unter 10 Kilogramm. Die vollmundigen Gewichtsangaben der Werbung beziehen sich überwiegend auf die kleinste Rahmenhöhe und es fehlen Pedale und Trinkflaschenhalter. Alle Maschinen, die fahrfertig weniger als 7 bis 8 Kilogramm wiegen, sind richtig teuer. Besonders am Berg merkt man jedes zusätzliche Kilo. Pro Kilo verlängert sich die Fahrzeit einer Bergstrecke rein rechnerisch um etwa 1–1,5 %. Doch sollte man bei diesen Berechnungen immer im Auge behalten, dass letztendlich das Systemgewicht aus Fahrer, Rad, Bekleidung und Ausrüstung zählt. Sie sollten auf jeden Fall das Gewicht des Rennrads auf Ihr persönliches Körpergewicht abstimmen. Ab etwa 85 Kilogramm Körpergewicht eignen sich nicht mehr alle käuflichen Rennräder für eine sichere Bergabfahrt. Ganz besonders die nicht, die mit einem Gesamtgewicht von deutlich unter 7 Kilogramm beeindrucken. Sie können das Rahmenmaterial je nach Vorliebe auswählen, da derzeit fast alle Rahmen eine ausreichende Steifigkeit in

Lenkkopf und Tretlager aufweisen. Bedenken Sie aber, dass schwere Fahrer nicht unbedingt den leichtesten Carbonrahmen auf dem Markt fahren sollten.
Am sinnvollsten sparen Sie Gewicht an Laufrädern und Bereifung, da diese nicht nur als reines Gewicht anfallen, sondern auch ständig beschleunigt werden müssen. Bei einem Systemlaufradsatz mit abgeflachten Aero- oder Messerspeichen, speziellen Felgen ohne Felgenband und ohne verstärkten Nabenkörper können Sie leicht 0,5 Kilo einsparen. Zudem bieten neue Faltreifen einen ausreichenden Pannenschutz bei sehr niedrigem Gewicht, das gegenüber einem alten Drahtreifen noch einmal etwa 200 Gramm pro Paar einspart. Lange Zeit war das Rennradlaufrad aus einer Hohlkammerfelge, mit oder ohne Ösen, 32 oder 36 dreifach gekreuzten Doppeldickendspeichen mit Messingnippeln und Niederflanschnaben aufgebaut. Gewicht konnte nur gespart werden, wenn man leichtere Bauteile verwendete oder die Anzahl der Speichen verringerte. So baute man für leichte Fahrer Räder mit 28 Speichen, oder man versuchte durch die Reduzierung der Speichenkreuzung auf etwa zweifach oder einfach die Speichenlänge zu kürzen, das macht pro Speiche etwa 1 Gramm. Am Ende der vernünftigen Tuningmöglichkeiten stand das sogenannte »Sonnenrad«, ein radial eingespeichtes Laufrad, also ohne Kreuzung der Speichen, bei dem jeder Zug direkt in die Nabe ging. Speichenabrisse oder gar das Ausbrechen ganzer Nabensegmente waren die Folge.
Waren Fahrradspeichen lange Zeit einfach gleichmäßig stark, mit einem Gewinde an einem Ende und dem gekröpften Speichenkopf am anderen, so entwickelte man auch diese weiter: Man machte sie leichter, zugfester, haltbarer und aerodynamischer. Durch moderne Walz- und Ziehmethoden konnte man Speichen herstellen, die an den Enden das gängige Maß von 1,8 oder 2 Millimetern hielten, aber im inneren Bereich auf bis zu 1,5 Millimeter Durchmesser verjüngt waren. Bis zu 20 % Gewichtsersparnis sollte, so pro Speiche erreicht werden, warben die Hersteller. Nach der Konifizierung der Speiche begann man dieselbe im mittleren Bereich abzuflachen. Auch das brachte Gewichtsvorteile und bessere Aerodynamik. Teilweise walzte man den abgeflachten Bereich sehr flächig aus, um noch bessere Luftwiderstandswerte zu erreichen. Als revolutionär erachtete man aber den Abschied vom gebogenen Speichenkopf. Viele Speichen sind mittlerweile einfach nur gerade und nicht mehr so bruchgefährdet, weil ohne Materialstauchung im Bogen. Allerdings benötigen solche Systemspeichen spezielle Naben, die bei geraden Köpfen auch Speichenzug aufnehmen.
Lange Zeit rollten Rennmaschinen auch auf Felgen mit niedrigem Profil. Man versuchte so wieder etwas Material an der Felge, und somit Gewicht bei den umlaufenden Massen, zu reduzieren. Der Trend aber geht zu den aerodynamischen Hochprofilfelgen. Durch die höhere Festigkeit solcher Felgen ist es möglich, die Anzahl der Speichen zu reduzieren, was das Laufrad noch windschnittiger macht. Um wieder Gewicht zu reduzieren, begann man die gesamten Felgen oder wenigstens Teile derselben aus leichten Werkstoffen, wie aktuell Carbon, zu bauen. Das brachte neben der besseren Aerodynamik auch eine Ersparnis an Gewicht, was man lediglich durch einen höheren Preis und eine größere Empfindlichkeit erkaufen musste. Die Vorteile liegen aber klar auf der Hand: Ein Rennrad mit Hochprofilfelgen sieht alldieweil sportlicher und

schneller aus, und ab etwa einer Durchschnittsgeschwindigkeit von 40 km/h hat man eine merkliche Kraftersparnis.

Hochprofil-Felge

Achtung ⚠

Weitgehend unpraktisch und bisweilen auch gefährlich sind Laufräder mit Carbonfelgen. Obwohl diese einen erheblichen Gewichtsvorteil bringen, ist von diesen Laufrädern besonders bei Bergabfahrten abzuraten. Nach wie vor ist es keinem Hersteller gelungen, mit einer Carbonfelge ähnliche Bremsleistungen zu realisieren, wie sie schon mit einfachen Aluminiumfelgen erreicht werden. Zudem sind die Bremsen äußert schlecht zu dosieren und bei Nässe weitgehend unwirksam.

Tipp

Hier sei ausdrücklich auf Tuninganleitungen hingewiesen, die vor gut 20 Jahren dem Hobbytuner zeigten, wie man mit Feilen und Bohren ein Rennrad tunen konnte. Ich sage: Egal wie geschickt Sie sind, bohren Sie keine Löcher in Ihr Fahrrad, und feilen Sie auch nicht an Bauteilen herum, die aussehen, als wäre da noch genug Material vorhanden! Alles, was man abspanen kann, liegt im Grammbereich und ist absolut zu vernachlässigen.

Achtung ⚠

Ein weiterer Nachteil sind die benötigten Schlauchreifen. Obwohl diese gerade durch die Carbonlaufräder eine Renaissance erleben und dadurch auch leichter und pannensicherer werden, bleiben sie auf Touren unpraktisch. Bei heißem Wetter und auf längeren Abfahrten mit häufigem Bremseinsatz kann der Reifenkleber aufweichen und der Pneu auf der Felge wandern oder gar abspringen. Das ist überaus gefährlich. Bei Pannen verfügt der Schlauchreifen über bessere Notlaufeigenschaften, denn auch bei einem Platten bleibt der Reifen auf der Felge. Damit kann der Fahrer gut und sicher ausrollen oder zumindest langsam weiterfahren, bis ihm der Materialwagen zu Hilfe kommt. Im Bahnradsport dürfen nur Schlauchreifen benutzt werden. Der Nachteil ist, dass die Kastenfelgen für Schlauchreifen wesentlich verwindungssteifer sind als Drahtreifenfelgen mit gleicher Masse. Ebenso ist das Wechseln eine aufwendige Angelegenheit, wenn man den Reifen wieder richtig aufkleben möchte. War der Reifen ursprünglich mit Klebeband befestigt, kann es vorkommen, dass das Band an dem kaputten Reifen klebt und der Ersatzreifen nicht mehr hält. So ist der Schlauchreifen, wie das Carbonlaufrad, allein bei Wettbewerben sinnvoll.
Neuerdings bieten einige Hersteller schlauchlose Reifen an, die nur auf speziellen Felgen gefahren werden können. Diese Kombination spart zwar erheblich Gewicht, eine eventuelle Panne unterwegs ist jedoch nur schwer zu beheben. Wenn man im Notfall doch einen Schlauch einzieht, hat man unter Berücksichtigung des oben genannten Systemgewichts eher zugelegt als eingespart.
Ambitioniertes Gewichtstuning an den übrigen Bauteilen, wie etwa Vorbau, Lenker, Sattel und Sattelstütze, ist unter Berücksichtigung des Systemgewichts absolut zu vernachlässigen und birgt im Extremfall sogar Sicherheitsrisiken. Ebenso sollte von Carbonbremsen und Aluminiumkassetten Abstand genommen werden, da auch diese Tuningteile nur bedingt funktionieren und im Extremfall sogar ausfallen können.

Das Werkzeug

Wenn man ein teures Rennrad sein Eigen nennt, sollte man auch am Werkzeug nicht sparen. Billige Werkzeuge, wie zum Beispiel Schlüssel von Ikea, sind nur bedingt zur Radreparatur geeignet. Sie verbiegen sich schnell bzw. runden sich an den tragenden Flächen ab. So können keine Kräfte übertragen und Schraubverbindungen nicht zur Genüge festgezogen werden. Zudem besteht Verletzungsgefahr durch Abrutschen.

Heimwerkstatt

Multitool

Speichenschlüssel

Standpumpe mit Manometer für hohen Luftdruck

Montagehebel (meist im Flickzeug enthalten)

Seitenschneider für Schalt- und Bremszüge

Montageständer

- Ein Partner, der Hilfe leistet

Fahrradhalter

- Zusätzlich:
  Spiritus, Lappen, Maßband, Schere

Ersatzteile

Rennradschlauch in den richtigen Abmessungen und der angemessenen Ventillänge, wichtig bei Hochprofilfelgen; ggf. Ventilverlängerung bzw. Bremsklötze bei älteren Modellen, möglichst Originalteile bei Bremzug, Schaltung und Isolierband.

Tipp

Shimano-Bremsbeläge sind bei manchen Felgen zu aggressiv und reißen Aluspäne aus den Bremsflanken der Felgen, ein schleifendes Geräusch ertönt. Abhilfe schaffen Bremsbeläge von Koolstop oder Swissstop.

Werkzeug für unterwegs

Als Werkzeug für unterwegs eignet sich die SKS Toolbox Race mit 15 Funktionen und nur 128 Gramm Gewicht. Stecken Sie diese am besten in die Schlauchtasche unter den Sattel. Nehmen Sie eventuell eine Mountainbike-Schlauchtasche. Sie bietet Platz für Rennradschlauch, Reifenheber und Minitool. Praktisch ist auch eine Flaschenbox, z. B. von SKS für ein kleines Erste-Hilfe-Set.

Sicherheitscheck – Mein Fahrrad vor jeder Tour

Das Rennrad ist ein Sportgerät und sollte vor jeder Ausfahrt auf die Tauglichkeit seiner essenziellen Funktionen hin überprüft werden. Besonders gilt das natürlich vor Ausflügen in die Berge. Dort treten die Belastungen bisweilen deutlich stärker auf und man ist meist weiter von einem Servicestützpunkt entfernt.

Prüfen Sie auf jeden Fall:

- die ausreichende Funktion der Bremsen,
- den festen Sitz der wichtigsten Bauteile, wie Lenker, Vorbau, Sattel/-stütze und Pedale,
- die Reifen mit unbeschädigtem Mantel und angemessenem Luftdruck,
- den Rundlauf der Laufräder,
- spielfreies und leichtgängiges Lenkkopflager,
- eine eventuelle Beschädigung der Carbongabel,
- die ausreichende Funktion der Schaltkomponenten.

Diese Prüfung dauert nur wenige Augenblicke, kann aber durchaus über den Verlauf oder den Ausgang einer Ausfahrt entscheiden. Man erkennt verschlissene Bremsen beispielsweise an einem langen Hebelweg oder an einem unschön kratzenden Geräusch während des Bremsens. Treffen die Bremsbeläge ungleichmäßig auf die Felge, öffnen die Bremskörper nach dem Bremsen verspätet oder sind die Zugenden aufgespleißt, sollten Sie die Bremse reparieren (s. Trekkingbike S. 44 f.). Bei neuen Bremsen mit wechselbaren Bremsbelägen sollten Sie darauf achten, dass die offenen Seiten der Bremsschuhe hinten sind. Auch sollten sich die Sicherungsschrauben für die Bremsbeläge in den dafür vorgesehenen Gewindelöchern befinden.
Lassen sich Lenker oder Vorbauten mit geringer Kraft auslenken oder gar verdrehen, sollten Sie gegebenenfalls eine Fachwerkstatt aufsuchen. Bei lockeren Sätteln oder Sattelstützen reicht es meist, die Klemmschrauben mit dem vorgegebenen Drehmoment anzuziehen. Je nach den entsprechenden Klemmsystemen und den verwendeten Schraubendurchmessern ändern sich die maximalen Anzugmomente. Bei den alten und noch häufig verwandten Einschraubenklemmungen an der Patentsattelstütze ist man bei voller Funktionstüchtigkeit mit 14 Nm Anzugkraft noch auf der sicheren Seite. Besondere Leichtbaumodelle vertragen das natürlich nicht, deshalb sollte das maximale Anzugmoment vom Hersteller an den entsprechenden Bauteilen angebracht sein. Manchmal lohnt es sich auch, die Einbauanleitungen oder die Spezifikationen der Hersteller zu konsultieren, bevor man ein Gewinde aus seinem Schmuckstück herausreißt. Allein der Ratschlag, empfindliche Schraubverbindungen, wie sie etwa an Vorbauten aus Aluminium Verwendung finden, nach Gefühl anzuziehen, sollte hier nicht gegeben werden, da es nicht jedem gegeben ist, so

geringe Drehmomente wie beispielsweise 5 Nm zu erfühlen. Im Zweifelsfall sollte man sich ein Werkzeug zum korrekten Drehmomentanzug beim freundlichen Fahrradhändler ausleihen oder es dort selbst ausführen lassen. Bei den Pedalen kann man genauso verfahren, wenn man berücksichtigt, dass das linke Pedal mit einem Linksgewinde eingeschraubt ist.
Gerade im Frühjahr leiden die Reifendecken unter dem oft scharfen Streugut. Es entstehen kleine Schnitte und Löcher und nicht selten kann man Glassplitter und Steinchen aus dem Gummi pulen. Wechseln Sie den Mantel, sobald Sie kleine Defekte erkennen können. Gleiches gilt bei einem auffälligen Höhenschlag (Ausbeulung). Meist ist das Reifengewebe gerissen und der Reifen droht an dieser Stelle zu platzen. Insbesondere in Abfahrten kann dies lebensgefährlich werden.
Eine gute Standpumpe verfügt über ein Manometer, auf dem der Reifendruck abzulesen ist. Er sollte auch bei leichten Fahrern nicht unter 7 Bar liegen. Natürlich kann man auch mit dem Daumen auf den Reifen drücken, um zu sehen, wie weit der Pneu nachgibt.
Einfaches Drehen der Laufräder und gleichzeitiges Beobachten der Felgenflanken gegenüber einem Bremsschuh gibt Aufschluss über den Rundlauf des Laufrads. Prüfen Sie bei gröberen Seitenschlägen die Spannung der umliegenden Speichen. Bei Systemlaufrädern sollte ein Fachmann das Einspeichen übernehmen.
Das Lenkkopflager sollte weder zu fest noch zu locker sein. Bei gezogener Vorderbremse sollten sich die oberen Lagerschalen nicht gegeneinander verschieben.
Wenn man das Rad anhebt, sollte sich der Lenker leichtgängig und ohne Einrasten hin und her drehen.
Wer einen Carbonrahmen bzw. -gabel fährt, sollte ihn ab und an auf Risse und Lackabhebungen untersuchen.
Die Funktion der Schaltkomponenten prüfen Sie am besten beim Fahren. Springt die Kette über die Ritzel, ohne einzurasten, sollten Sie diese Schaltung einstellen oder die Kette austauschen.
Wer sich bei den genannten Prüfungen nicht sicher ist, der sollte sie von einer Fachwerkstatt ausführen lassen, die das im Rahmen einer Inspektion für einen annehmbaren Preis erledigt.

Rennrad-Werkstatt

Ein hochwertiges Rennrad ist schön – und eine perfekte Fahrmaschine. Doch wenn es viel gefahren wird – und bei Rennradlern summieren sich die Kilometer rasant –, setzen früher oder später Verschleiß und Alterung ein. Egal, wie hochwertig das Rad ist und wie viele Hightech-Komponenten daran verbaut sind: Schönheit ist vergänglich, und präzise Technik ist empfindlich. Bewegte Teile wie Laufräder und Schaltung verschleißen schneller als statische wie Rahmen oder Lenker, Teile mit erhöhter Reibung wie Kette, Bremsen und Reifen noch schneller. Doch wenn man sein Rennrad ordentlich einstellt, wartet und instand hält, hat man viel mehr – und länger – etwas vom perfekten Fahrspaß.

CUBE

1. Reifenpanne

Reifentypen

Klassischer Rennradreifen

Schlauchreifen

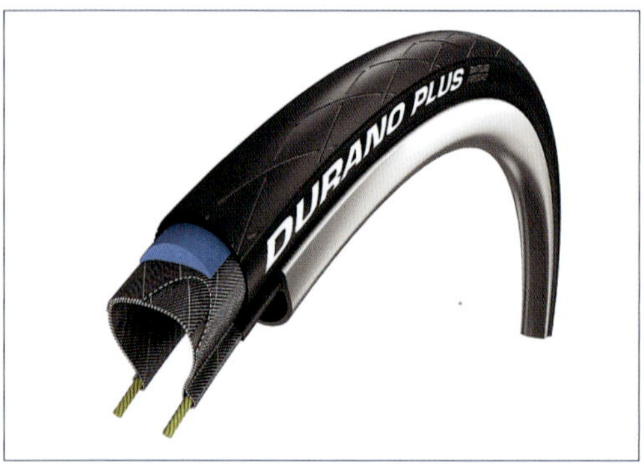

Antiplattreifen

Farbiger Reifen

Radaus- und -einbau

Reifenpannen durch Fremdkörper kann man nicht vermeiden. Durchschläge können Sie mit ausreichendem Reifendruck beinahe ganz vermeiden. Das sind Schäden, die entstehen, wenn der Schlauch beim Überfahren einer Bordsteinkante zum Beispiel auf dem Felgenhorn gequetscht wird.
Sollten Sie einen Reifen platt fahren, können Sie sich leicht helfen:

1 Reifen ausbauen, dazu am Bremskörper den Zug entspannen.

2 Schnellspanner lösen, Schnellspanner festhalten und die gegenüberliegende Rädelmutter einige Umdrehungen lösen.

3

Laufrad aus den Ausfallenden ziehen.

Folgen Sie weiter der Beschreibung City-/ Trekkingbike auf S. 35 f.
Lassen Sie die restliche Luft entweichen:

Gerändelte Mutter am Ventil aufdrehen und auf dieselbe drücken, bis die restliche Luft aus dem Schlauch entweicht.

1

Schrauben Sie die Überwurfmutter vom Ventil.

2

Drücken Sie den Reifen ins Felgenbett, besonders bei starren Drahtreifen und alten ausgehärteten Reifen.

3

Demontieren Sie den Reifen.

Achtung ⚠
Verwenden Sie keinen Schraubenzieher oder Metallklingen. Am besten sind Reifenheber aus Kunststoff.

4

Schieben Sie erst einen Reifenheber in der Nähe des Ventils unter den Reifenfuß und hebeln Sie ihn dann über die Felge. Sollte das nicht oder sehr schwer gehen, nehmen Sie einen zweiten Reifenheber und setzen ihn in 5 Zentimeter Abstand in gleicher Weise an. Hebeln Sie den Reifen über die Felge.

5

Prüfung: Lassen Sie das Ventil in der Ventilbohrung stecken und ziehen Sie nun den Schlauch komplett aus dem Reifen. Um die schadhafte Stelle an der Reifendecke schneller zu finden, pumpen Sie den Schlauch wieder auf. Das Loch im Schlauch lässt sich meist anhand des Geräusches finden. Halten Sie nun den Schlauch neben den Reifen und untersuchen Sie den Bereich in der Nähe des Loches genauer. Befinden sich Fremdkörper in der Reifendecke, entfernen Sie diese vorsichtig und überprüfen Sie jeweils die Innenseite des Reifens. Es sollte keine Beschädigung des Gewebes zu erkennen sein. Befindet sich das Loch auf der Seite der Felge, können ein Grat oder ein verrutschtes oder beschädigtes Felgenband schuld an dem Defekt sein. Einen Durchschlag erkennt man an zwei nebeneinanderliegenden rissartigen Löchern. Wegen seiner Anordnung nennt man ihn auch »snake bite« (Schlangenbiss).

Reifenmontage

1

Prüfen Sie, ob sich im Innern des Mantels Fremdkörper wie Schmutz, Sand oder Bohrspäne befinden. Entfernen Sie alles, was nicht hineingehört.

2

Beachten Sie die Laufrichtung und ziehen Sie den Reifen mit einer Seite über ein Felgenhorn. Stecken Sie das Ventil in das Ventilloch der Felge und schieben den Schlauch vom Ventil ausgehend an beiden Seiten in die Reifendecke.

3

Liegt der Schlauch ordentlich im Reifen, drücken Sie die Seitenwand des Reifens mit dem Daumen über das Felgenhorn. Am besten ist es, den Reifen ohne Werkzeug in kleinen Schritten aufzudrücken. Sollte das nicht gelingen, nehmen Sie vorsichtig zwei Reifenheber und hebeln das verbliebene Reifenstück über das Felgenhorn. Vergewissern Sie sich vorher, dass Sie den Schlauch nicht einquetschen. Sollte es absolut nicht gelingen, könnte es daran liegen, dass der Reifen nicht maßhaltig ist. Tauschen Sie ihn beim Händler um.

4

Wenn der Schlauch nirgends mehr hervorschaut, walken Sie den Reifen einmal über seinen kompletten Umfang, damit er sich sauber ins Felgenbett setzen kann. Pumpen Sie ihn mit halbem Druck auf und prüfen Sie seinen Rundlauf. Die Markierung

Tipp

Am besten prüfen Sie den Luftdruck mit dem Manometer der Standfußpumpe. Entriegeln Sie dazu das Ventil, setzen Sie den Pumpenkopf mit dem passenden Anschluss auf und pumpen einige Male. Nun zeigt das Manometer den relativen Druck im Reifen an. Pumpen Sie so lange bis der empfohlene Druck erreicht ist.

auf der Reifenflanke sollte zu sehen sein und einen gleichmäßigen Abstand zur Bremsflanke haben.

Achtung ⚠

Auch wenn Sie einen Adapter für Autoventile besitzen bringen die Kompressoren an den Tankstellen oft nicht den nötigen Druck, den ein Rennradreifen benötigt.

5

Wenn alles passt pumpen Sie den Reifen auf empfohlenen Druck auf, drehen das Ventil zu und schrauben Sie die Überwurfmutter auf das Ventil.
Montieren Sie nun das Laufrad und schließen Sie den Schnellspanner. Führen Sie eine Bremsprobe im Stand durch.

Achter

Die dünnen Laufräder eines Rennrades sind sehr anfällig für »Achter«. Eine kurze Unaufmerksamkeit, ein kleines Schlagloch und schon ist es passiert.

Im Mountainbike-Teil im Kapitel »Reifenpanne« auf S. 145 f. lesen Sie, wie Sie mit einem Achter am besten umgehen.

2. Bremsen

Bremsentypen

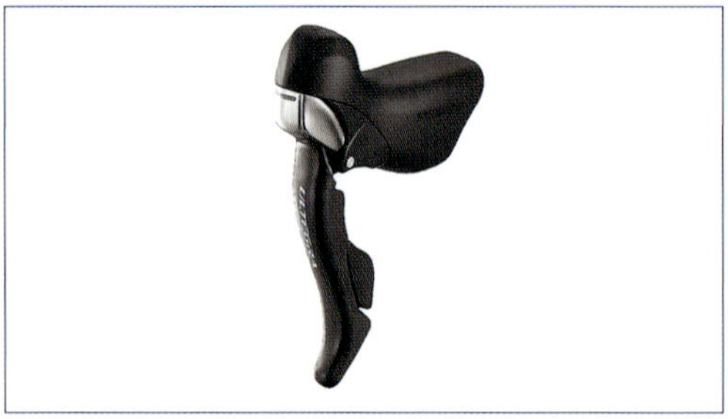

Bremshebel mit Schaltfunktion

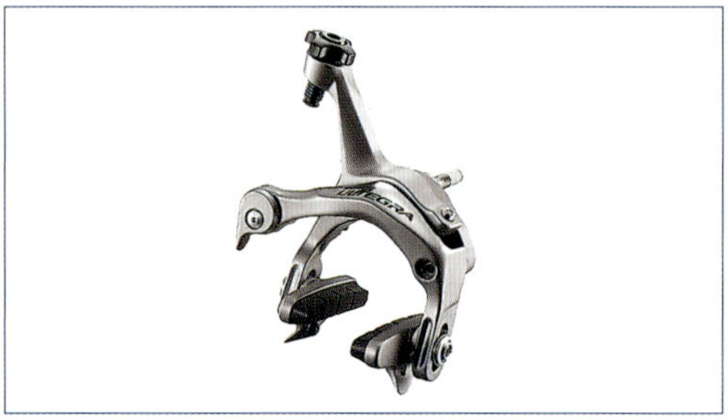

Bremskörper

Bremsen sind sicherheitsrelevante Bauteile am Rad. Führen Sie die Arbeiten daran also sehr gewissenhaft durch und geben Sie Ihr Rennrad in die Fachwerkstatt, wenn Sie sich unsicher sind.
Die Bremsen am Rennrad sind Seitenzugbremsen. Sie wirken als Zentral- oder Doppelgelenkbremse auf die Felge. Richten Sie beim Thema Bremsen immer auch ein Augenmerk auf die Beschaffenheit der Felgen. Durch die entstehende Reibung zwischen der Felge und den Bremsbelägen können beide verschleißen. Da der Belag meist schneller verschleißt, sollten Sie die Bremsen regelmäßig prüfen.

Wann brauche ich neue Bremsbeläge?

Kann man die Bremshebel zu weit an den Lenker ziehen, ist dies ein sicheres Indiz für verschlissene Bremsbeläge. Den längeren Hebelweg können Sie bis zu einem gewissen Maß an der jeweiligen Stellschraube an den Bremskörpern ausgleichen. Drehen Sie diese gegen den Uhrzeigersinn, verringert sich der Hebelweg. Beide Bremshebel sollten den gleichen Hebelweg haben.
Wechseln Sie die Bremsbeläge unbedingt auch dann, wenn die Stellschrauben sehr weit herausgedreht sind, beim Bremsen unangenehme Geräusche hörbar werden oder die Bremswirkung stark nachlässt.

Tipp

Prüfen Sie stets das Aussehen der Bremsbeläge. An deren Innenseiten können sich Aluminiumnester bilden. Das ist Abrieb aus der Felge, der die Bremswirkung reduziert und die Felge beschädigt. Entfernen Sie diese unbedingt!

Drehen Sie die Stellschraube ganz ein und entspannen Sie den Excenterhebel.

Schrauben Sie mit passendem Inbusschlüssel den kompletten Bremsbelagträger ab.

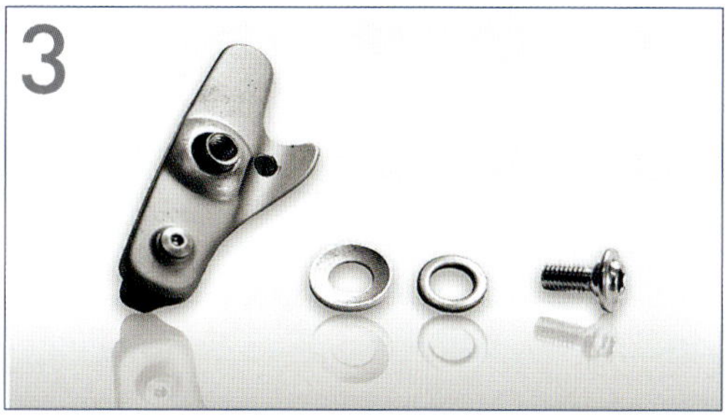

Am besten immer nur für ein Laufrad, also zwei Belagträger.

Lösen und entfernen Sie nun die außen liegenden Inbusschrauben und bewahren Sie diese auf.

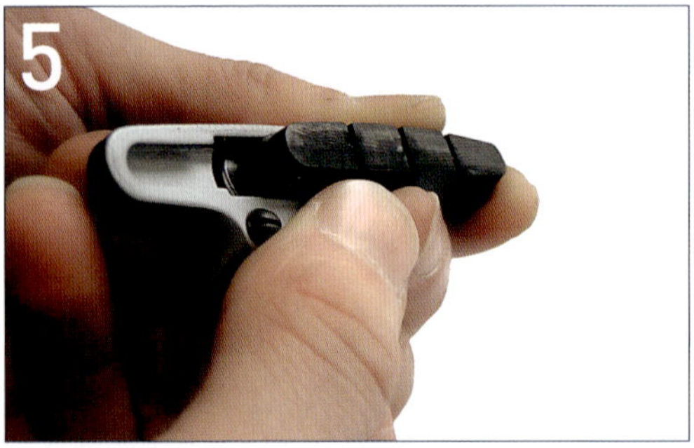

Ziehen Sie den Belag am offenen Ende heraus und achten Sie auf dessen leichte Krümmung.

Achtung ⚠
Verwenden Sie kein Öl!

- Merken Sie sich auch, wie weit der Belag im Träger steckte. Reinigen Sie den Träger und schieben Sie den Belag gemäß der passenden Krümmung der angegebenen Pfeilrichtung in den Träger.
- Bei Belägen von Shimano funktioniert das meist gut, bei Austauschbelägen kann etwas Wasser oder Flüssigseife helfen.

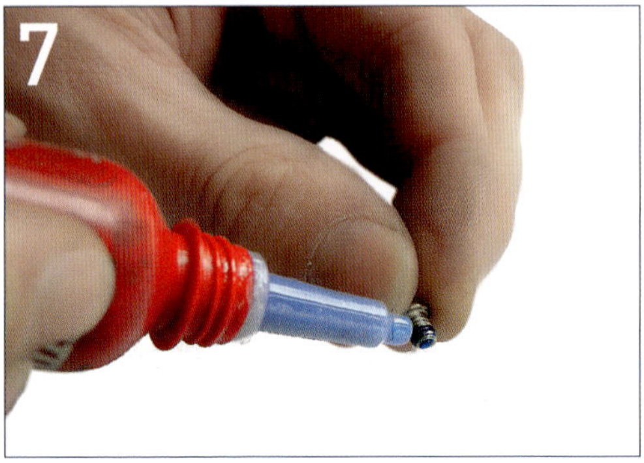

Sichern Sie jeden Belag mit seiner Schraube. Falls den neuen Belägen keine Sicherungsschrauben beiliegen, sollten Sie die alten mit Alkohol reinigen und mit neuem Schraubensicherungsmittel versehen.

Montieren Sie die Belagträger und achten Sie auf die angegebene Einbaurichtung. Falls diese nicht zu sehen ist, gilt es, die offene Seite in Fahrtrichtung nach HINTEN zu montieren. Führen Sie den Belagträger mit allen zugehörigen Unterlegscheiben in den Bremsarm ein und ziehen diesen leicht an.

9

Richten Sie nun die Bremskörper auf der Felge so aus, dass sie bei gezogener Bremse genau die Bremsflanke der Felge treffen. Die Beläge sollten über ihre gesamte Länge weder zum Reifen noch zu den Speichen hin über die Felge hinausragen. Befestigen Sie die Beläge mit dem passenden Inbusschlüssel.

Achtung ⚠
Vergewissern Sie sich noch einmal, dass die geschlossene Seite des Bremsträgers in Fahrtrichtung nach VORN zeigt!

Schließen Sie die Entspannvorrichtung (Excenterhebel) und prüfen Sie die Funktion der Bremsen sowie den freien Lauf der Felge zwischen den neuen Bremsbelägen. Ist der Hebelweg an der Bremse noch zu lang, drehen Sie die Einstellschraube wieder etwas heraus. Sollten die neuen Beläge ein anderes Fabrikat haben und der Abstand nicht ausreichen, müssen Sie den Bremszug etwas nachlassen.

11

Überprüfen Sie nach ca. 50 Kilometern die Schraubverbindung auf festen Sitz hin. Sollte sich während der ersten Fahrt die Funktion der Bremse stark verändern, sollten Sie unbedingt eine Fachwerkstatt aufsuchen.

Bremsen einstellen

Rennradbremsen sollten sich geschmeidig ziehen lassen und leichtgängig wieder öffnen.

Ebenso wichtig ist ein gleichmäßiges Auftreffen der Bremsbeläge auf die Felgenflanken.

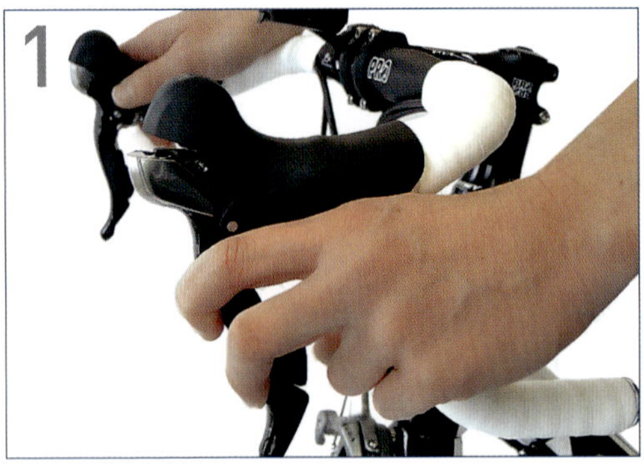

Hebelweg prüfen: Die Bremsen sollten ab etwa einem Drittel des gezogenen Hebelwegs Widerstand bieten und sich keinesfalls bis zum Lenker durchziehen lassen.

Zug nachstellen: Ist der Weg an dem Bremshebel zu groß, sollte die Stellschraube am Bremskörper entgegen dem Uhrzeigersinn gedreht werden, bis sich ein annehmbarer Hebelweg einstellt.

Gleichmäßiges Auftreffen

Sollten die Beläge z. B. nach einem Transport ungleichmäßig auftreffen:

1

Überprüfen Sie die Funktion der Bremse.

Stellen Sie die Bremse ein, indem Sie die kleine Inbusschraube auf dem Bremsarm drehen, bis beide Bremsbeläge wieder gleich weit von der Felge entfernt sind.

Öffnen Sie bei stärker verstellter Bremse die Bremsträgerschraube am Rahmen und richten Sie den gesamten Bremskörper zur Felge hin aus. Ziehen Sie danach unbedingt die Bremsträgerschraube wieder fest an. Die Feineinstellung erledigen Sie wieder über die oben liegende Inbusschraube.

3. Schaltung

Die richtige Einstellung der Schaltung ist wichtig für einen Radfahrer. Sie ist ausschlaggebend für das Handling und den richtigen Fahrspaß. Außerdem kann eine gut eingestellte Schaltung die Kraft des Fahrers optimal auf den Asphalt bringen.

Lesen Sie im Kapitel »City-/Trekkingbike« auf S. 52 ff., auf was Sie bei der Montage und Einstellung des Schaltwerkes achten sollten.

4. Kette und Pedale

Kette

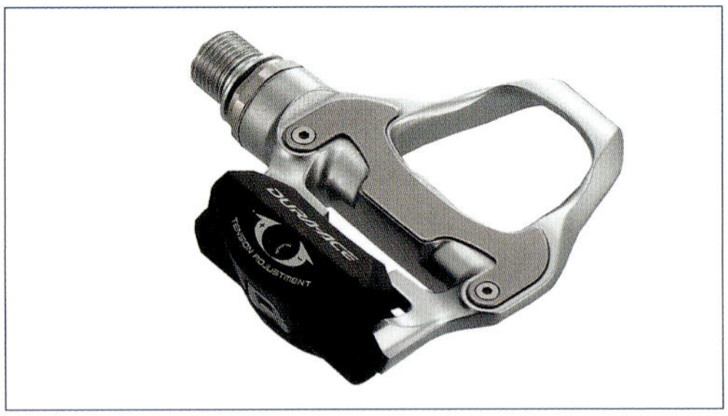

Rennradpedale

Kette

Irgendwann ist die Kette am Ende und läuft nicht mehr wie gewohnt über die Ritzel beim Schalten. Die Lebensdauer einer Kette an einem Rennrad beträgt zwischen 2000 und 4000 Kilometer, wenn Sie die Kette aber schon eher tauschen, ist es günstiger. Sie schonen die Ritzel-Kassette und verdreifachen somit deren Lebens-dauer.
Tipps und Tricks zum Kettentausch finden Sie im Mountainbike-Teil auf S. 154 f.

Pedale und Schuhplatten

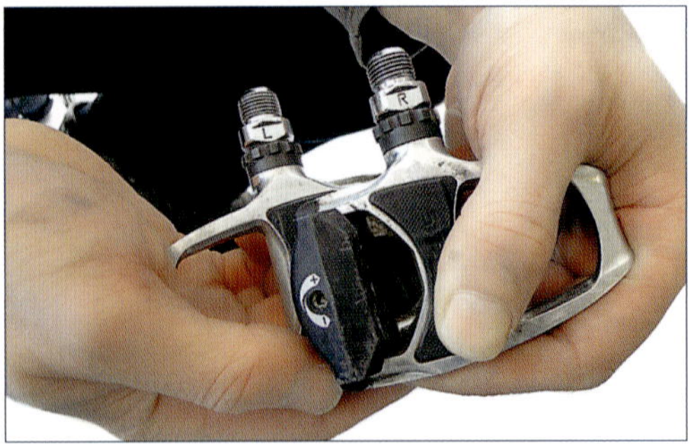

Die meisten neuen Rennräder werden ohne Pedale verkauft, weil die Mehrzahl der Rennradfahrer Klickpedale verwendet. Die Auswahl zwischen den unterschiedlichen Herstellern und Systemen ist groß. Die meistverkauften sind wohl das Look- und das ähnliche Shimano-SPD-SL-System.
Alle Pedalsysteme haben ein linkes und ein rechtes Pedal, die so gekennzeichnet sind. Die Seitenangaben beziehen sich auf die Fahrtrichtung. Das linke Pedal hat ein Linksgewinde und wird deshalb entgegen dem Uhrzeigersinn eingeschraubt. Das rechte Pedal mit dem gängigen Rechtsgewinde schraubt man gemäß dem Uhrzeigersinn ein. Vorher sollten jedoch die Pedalgewinde bei Bedarf gereinigt und auf alle Fälle ausreichend gefettet werden.

1

Schrauben Sie die Pedale zunächst nur mit der Hand an, um zu überprüfen, ob die Gewinde auch richtig greifen. Das Pedal sollte sich relativ leicht eindrehen lassen. Sollte es nach einer oder zwei Umdrehungen zu schwer gehen, haben Sie das Gewinde falsch angesetzt und sollten es erneut versuchen, um das Gewinde nicht zu beschädigen.

Haben Sie das Pedal ohne Weiteres eingeschraubt, können Sie die Pedale mit einem Inbusschlüssel oder ggf. mit einem entsprechenden Gabelschlüssel anziehen. Da die Kurbelarme meist aus Aluminium oder Carbon gefertigt sind, sollten Sie übermäßigen Krafteinsatz vermeiden.

Viele Systempedale verfügen über eine Einstellmöglichkeit für die Auslösehärte. Zum Ausrichten der Pedalplatten ist es hilfreich, die Auslösehärte so weit wie möglich zu reduzieren. Wenn Sie zum ersten Mal Systempedale ausprobieren, empfiehlt es sich, die Auslösehärte gering zu halten, bis sich Routine für die Auslösebewegung des Fußes eingestellt hat.

Tipp

Üben Sie das Ein- und Aussteigen in ungewohnte Systempedale zum Beispiel auf dem im Heimtrainer eingespannten Rad, bis Sie den Vorgang »blind« beherrschen. Oder suchen Sie sich ein Gelände mit etwas weicherem Untergrund.

Schuhplatten montieren

1

Setzen Sie sich entspannt auf einen Stuhl und stellen Sie Ihre Füße ganz natürlich auf den Boden. Betrachten Sie nun Ihre Füße. Normalerweise sollten die Fußspitzen leicht nach außen zeigen. Beachten Sie Ihre Fußstellung bei der Ausrichtung der Schuhplatten.

2

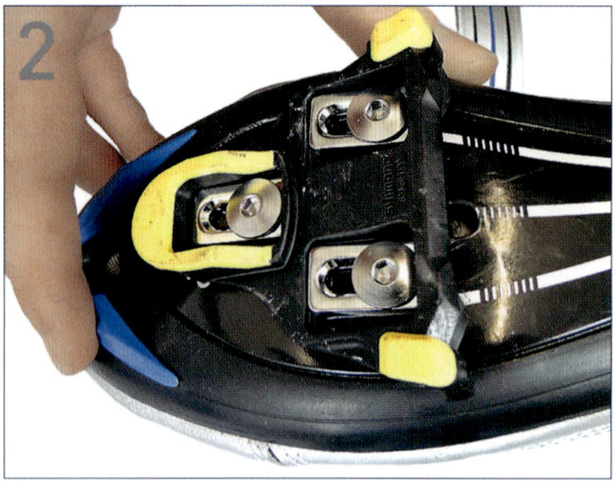

Achten Sie vor der Montage darauf, ob der Hersteller zwischen linken und rechten Pedalplatten (zum Beispiel bei Time) unterscheidet. Ordnen Sie diese dann den richtigen Schuhen zu. Trifft dies nicht zu, verfahren Sie nach Belieben.

3

Ziehen Sie die Schuhe an und markieren Sie sich die Position Ihres Fußballens außen am Schuh.

4

Fetten Sie die Gewinde der Befestigungsschrauben.

5

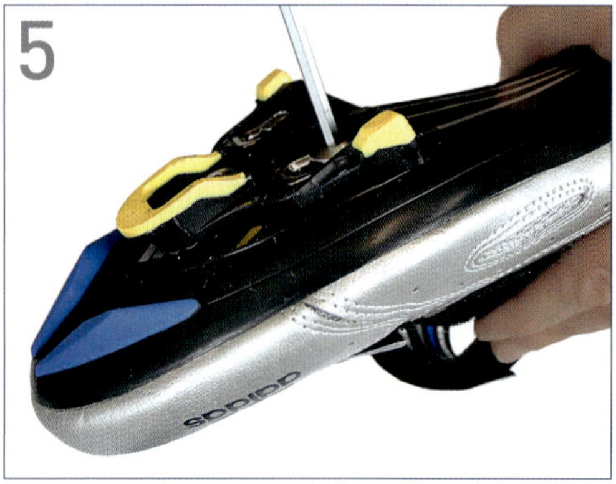

Befestigen Sie nun die Pedalplatten leicht mit den Befestigungsschrauben in den vorgesehenen Gewindebohrungen am Rennschuh. Achten Sie dabei auf die Kontur von Schuhsohle und Pedalplatte.

Halten Sie den montierten Schuh in der Position über das Pedal, als ob er eingerastet wäre. Richten Sie nun die Pedalplatte in Längsrichtung so aus, dass die Markierung des Fußballens aus Punkt 3 am Schuh mit der Pedalachse übereinstimmt.

Ziehen Sie die Schrauben fester und klicken Sie den Schuh in das Pedal. Von oben betrachtet sollte der Schuh so stehen wie unter Punkt 1 beschrieben. Nehmen Sie den Kurbelarm als Bezugslinie.

8

Wenn die Position augenscheinlich passt, klicken Sie den Schuh wieder aus und ziehen die Befestigungsschrauben reihum gefühlvoll an, bis diese gleichmäßig fest sitzen.

Achtung ⚠

Die Befestigungsschrauben von Schuhplatten tragen oft nur auf einigen wenigen Gewindegängen und sollten daher unbedingt gefühlvoll angezogen werden. Gelegentlich halten nicht alle Gewinde dem vom Hersteller empfohlenen Drehmoment stand. Tasten Sie sich an den festen Sitz der Schrauben heran!

9

Suchen Sie sich eine Wand, an der Sie sich festhalten und dabei probieren können, in beide Pedale ein- und auszuklicken.

10

Sitzen die Pedalplatten gut, können Sie die Auslösehärte an den Pedalen etwas steigern. Wenn sich die Anzeigen zur Auslösehärte im ersten Drittel der Skala befinden, sollte das für den freizeitorientierten Rennradfahrer ausreichen.

11

Systempedale tragen in der Regel höher auf als Plattformpedale. Wenn Sie also das Pedalsystem wechseln, sollten Sie auch Ihre Sitzhöhe auf dem Rad überprüfen und gegebenenfalls angleichen, um Knieschmerzen zu vermeiden.

12

Nach aller Theorie gibt nur die Probefahrt letzten Aufschluss über die korrekte Positionierung der Schuhplatten. Testen Sie und achten Sie dabei auf Ihren Körper. Eine Umstellung kann anfangs als unangenehm empfunden werden, aber nach etwa 40 bis 50 Kilometern sollten Sie sich an die veränderte Haltung gewöhnt haben. Besteht ein Unbehagen fort oder treten gar Schmerzen auf, sollten Sie unbedingt die Position überprüfen und verändern.

Tipp

Setzen Sie sich für diese »Einstellfahrten« keine sportlichen Ziele. Ihr Sinn ist allein die Anpassung der Technik an Ihren Körper.

Achtung ⚠

Starten Sie nie mit neuem und noch nicht von Ihnen eingefahrenem Material zu längeren Ausfahrten oder gar Wettkämpfen!

5. Lenker

Lenkerband

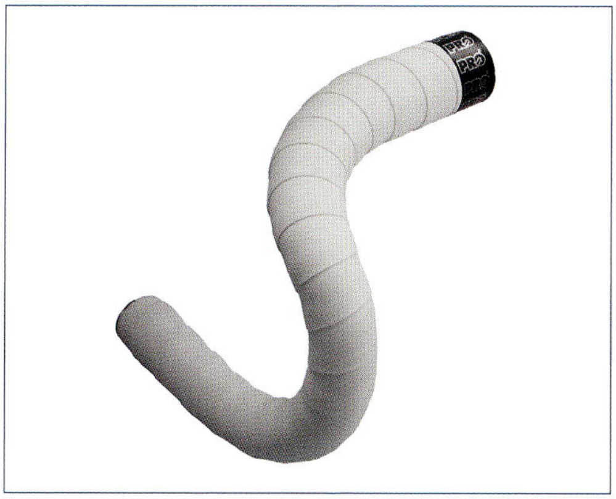

Das Lenkerband nutzt sich genauso ab wie die übrigen Verschleißteile am Rad. Häufiges Fahren im Regen, schweißnasse Hände oder ein Sturz können diesen Vorgang beschleunigen. Ein altes oder eingerissenes Lenkerband, das sich schon an manchen Stellen ablöst, ist kein schöner Anblick. Immerhin hat man den Lenker doch ständig im Blickfeld.

Die Wahl des richtigen Lenkerbands ist in erster Linie Geschmackssache, solange man das sog. Korklenkerband nutzt. Tatsächlich handelt es sich meist um aufgeschäumten Kunststoff, dem Korkteilchen beigemengt sind.
Auf Wunsch bekommt man auch extrabequeme Modelle, die mit Gelpolstern unterlegt sind.
Ab etwa zehn Euro erhalten Sie ein Set mit zwei Rollen Lenkerband, zwei Lenkerendstopfen und zwei Klebebändern zum Abschluss der Wicklung. Mit dabei sind auch zwei kurze Stücke Lenkerband, um die Klemmschellen der Rennbremshebel abzukleben.
Das Wickeln des Lenkerbands ist nicht ganz einfach und bedarf einiger Übung. Ärgern Sie sich also nicht, wenn es nicht auf Anhieb gelingt und die Wicklung ungleichmäßig wird.

Erneuerung des Lenkerbands

Achtung ⚠
Stellen Sie Ihr Rad sicher hin oder fixieren Sie es an einem Montageständer, damit es beim Wickeln nicht umkippen kann.

Tipp
Deponieren Sie alle nötigen Werkzeuge und Utensilien in Reichweite!

1

Wickeln Sie das alte Lenkerband ab und entfernen Sie die Rückstände des Klebebands vom Lenker. Schneiden Sie das alte Band nicht mit dem Messer auf, da Sie leicht den Lenker beschädigen können.

2

Stülpen Sie die Gummigriffhauben der Rennbremshebel nach vorn.

3

Fixieren Sie die innen verlegten Brems- und Schaltzüge mit Klebeband in den dafür vorgesehenen Vertiefungen des Lenkers. Sind diese nicht vorhanden, legen Sie die Züge so, dass sie auf der Innenseite des Lenkerbogens zu liegen kommen.

4

Reinigen Sie den Lenker mit Alkohol oder Spiritus und lassen Sie das Reinigungsmittel vollständig ablüften.

5

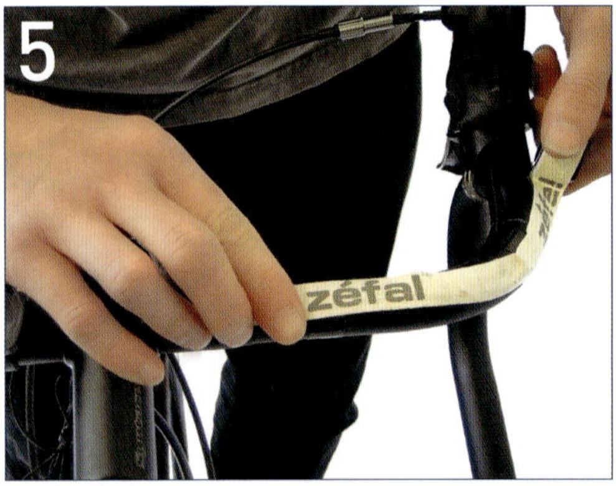

Zum besseren Halt des Lenkerbands können Sie auf den Ober- und Unterseiten des Oberlenkers ein Gewebeband aufkleben. Normalerweise reicht es, dieses bis zu den Bremsgriffen zu kleben. Entfernen Sie die Schutzfolie vom Klebstreifen auf der Innenseite des Lenkerbands. Ziehen Sie die Schutzfolie am besten einige Zentimeter vor dem Ende ab und dann nach außen hin weiter, sodass sich der Klebestreifen nicht mit ablöst.

6

Beginnen Sie die Wicklung am unteren Ende des Rennlenkers, indem Sie gut eine halbe Bandbreite des Lenkerbands zu Anfang überstehen lassen. Wickeln Sie nun eine Umdrehung und halten Sie das Band straff. Am Ende der ersten Wicklung sollte das Band wenigstens 4 bis 5 Millimeter am Lenkerende überstehen. Pro Wicklung soll es sich dann etwa ein Drittel überlappen und spiralförmig am Lenker emporsteigen. Wickeln Sie daher das Band immer unter Zug und leicht schräg.

Im Anstieg des Lenkerbogens sollten Sie sich an der Außenkurve orientieren. Das Band muss sich dort immer noch ein Drittel überlappen. Der Innenradius überlappt sich durch die Krümmung deutlich stärker.

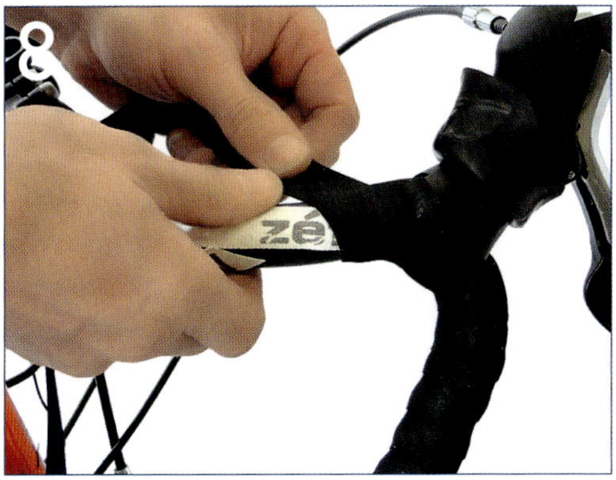

Bevor Sie den Bremsgriff erreichen, kleben Sie das auf Länge zugeschnittene Abdeckstück über die Klemmschelle und fassen es mit der nächsten Wicklung über den Bremsgriff ein. Prüfen Sie, dass alle Stellen der Klemmschelle und des Lenkerbügels vom Lenkerband abgedeckt sind.

Wickeln Sie nun genauso straff weiter, wobei nun die Maßgabe das Überlappen des Lenkerbands an der Außenkurve des Oberlenkers sein sollte. Normalerweise müsste das Lenkerband bis zum verdickten Teil des Rennbügels reichen. Sollte es knapp werden, lassen Sie das Band etwas weniger überlappen.

Wenn das Band ausreicht, kappen Sie das überschüssige Lenkerband, sodass sich das Ende möglichst an der Unterseite des Lenkerbügels befindet. Schneiden Sie danach von der dem Vorbau zugewandten Seite des Lenkerbands einen Keil von etwa 10 Zentimeter Länge ab. Dazu beginnen Sie am besten in der Mitte des Bands und schneiden sauber nach der Außenkante hin. Das ergibt einen harmonischen Abschluss.

Das keilförmige Ende nun mit farblich passendem Isolierband etwa 2 Zentimeter fest überkleben. Dann das straff gezogene Isolierband zweimal um den Abschluss des Lenkerbands und den anschließenden Lenkerbügel schlagen. Schneiden Sie das Isolierband so ab, dass die Schnittkante möglichst auf der Unterseite des Lenkers liegt.

Klappen Sie die Griffhauben der Bremshebel in deren ursprüngliche Position zurück und überprüfen Sie deren festen Sitz.

13

Drücken Sie nun das gesamte überstehende Lenkerband in die Öffnung am unteren Ende des Lenkers und fixieren Sie es mit dem Lenkerendstopfen. Sollte dieser nicht halten, weil zu wenig Lenkerband übersteht oder das Lenkerrohr sehr dünnwandig ist, können Sie einige Lagen Isolierband um den Lenkerendstopfen wickeln, damit er ausreichend Halt findet.

14

Verfahren Sie auf der anderen Seite des Lenkerbügels genauso.

Achtung ⚠

Wenn das Lenkerband während des Wickelns reißt, hilft nur noch der Kauf eines neuen Sets. Vermeiden Sie es, das Lenkerband zusammenzustückeln, da es sich leicht ablösen kann und Sie so überraschend den Halt am Lenker verlieren können.

Mountainbike

Raschelndes Laub, klare Luft und blauer Himmel, entspannte Panorama-Anstiege, flowige Abfahrten, knifflige Pfade oder haarsträubende, verblockte Downhill-Trails: Wer auf Mountainbiketour geht, verbringt den Tag mitten in der Natur und kann die ganze Vielfalt der Berge hautnah erleben – je nach Fitness, Fahrkönnen und Material. Denn ein gutes Mountainbike leistet unglaubliches und macht Wege frei, die einst für Zweiräder undenkbar waren. Hier haben die Bikeschmieden in den vergangenen Jahren Großes geleistet: Vom leichten Hardtail-Racebikes über voll gefederte Allmountain-Bikes bis zur Freeride-Spaßmaschine oder dem wuchtigen Downhill-Panzer mit noch mehr Federweg gibt es für jeden Bike-Freak das richtige Gefährt.

minute

Unterschiede Fully/Hardtail

Fully

Hardtail

Das Mountainbike hat sich in den letzten Jahren als eine der meistverbreiteten Varianten des Fahrrads entwickelt. Das liegt vor allem daran, dass es sich in allen nur erdenklichen Situationen einsetzen lässt. Da ist zum einen seine eigentliche Bestimmung, der sportliche Einsatz abseits geteerter Straßen, zum anderen ist es mit entsprechender Bereifung und Ausstattung auch als robustes Tourenrad geeignet und sogar als Trainingsgerät, um damit Kilometer auf der Straße zu machen.
Betrachtet man den aktuellen Markt, sieht man neben dem modernen »Fully«, dem voll gefederten Mountainbike, mit Federgabel und Hinterradfederung, auch das »Hardtail« sehr häufig. Es ist nur mit einer Federgabel ausgerüstet und spielt eine große Rolle in Wettkampf und Freizeitsport. Begründet ist dies in der günstigeren Anschaffung zum vergleichbar ausgestatteten Fully. Auch Rennfahrer schätzen das Hardtail, da sich wegen der fehlenden Mechanik für die Hinterradfederung ein geringeres Gewicht des kompletten Bikes erzielen lässt. Je weniger bewegliche Teile ein Rad hat, desto wartungsärmer und defektunanfälliger ist es.
Viele Neueinsteiger oder Interessenten für ein neues Bike glauben noch an eine verstärkte Wippbewegung des gefederten Hinterbaus beim Pedalieren, die unnötig Kraft für den effektiven Vortrieb kostet. Diese Bedenken sind bei den modernen voll gefederten Bikes unnötig geworden. Durch verschiedene hoch entwickelte Hinterbaukonstruktionen und den Einsatz »intelligenter« Federungskomponenten wird mittlerweile ein extrem antriebsneutraler Fahrzustand erreicht. Ein feinfühliges Ansprechverhalten im Gelände wird beibehalten.

Vorteile eines modernen voll gefederten Mountainbikes:

- Deutlich größerer Einsatzbereich, als das Hardtail.
- Rollt geschmeidiger über Unebenheiten im Gelände und vermittelt damit ein höheres Maß an Fahrsicherheit.
- Am unebenen Anstieg sorgt die effektive Hinterradfederung moderner Fullys für mehr Laufruhe und Traktionsreserven. So wird das höhere Systemgewicht durch kräftesparendes Klettern ausgeglichen.

Nachteile des Fullys:

- Höherer Anschaffungspreis als vergleichbar ausgestattetes Hardtail.
- Schwerer als ein vergleichbar ausgestattetes Hardtail.

Wenn hier von dem »modernen Fully« gesprochen wird, so muss man sagen, dass die Entwicklung in den letzten 15 Jahren riesige Fortschritte gemacht hat. Ein Mountainbike, das noch vor acht bis zehn Jahren den Höhepunkt der Entwicklung markierte, kann heutzutage nicht mehr als Standard bezeichnet werden.

Es gibt drei mögliche Hinterbaufederungssysteme:

Antriebsschwinge

Heute finden wir systembedingt nur noch Ein- und Viergelenker mit ihren vielfachen Sonderformen auf dem Markt. Die Antriebsschwinge, mit der noch in den 90er-Jahren Firmen wie TREK und Gary Fisher für Furore sorgten, war im neuen Jahrtausend mit ihrem Entwicklungspotential am Ende angelangt. Heutzutage ist sie an keinem hochwertigen Mountainbike mehr anzutreffen.

Viergelenker

Eingelenker

Grundkenntnisse/Fachbegriffe

Siehe Grundkenntnisse City-/Trekkingbike S. 13 ff.

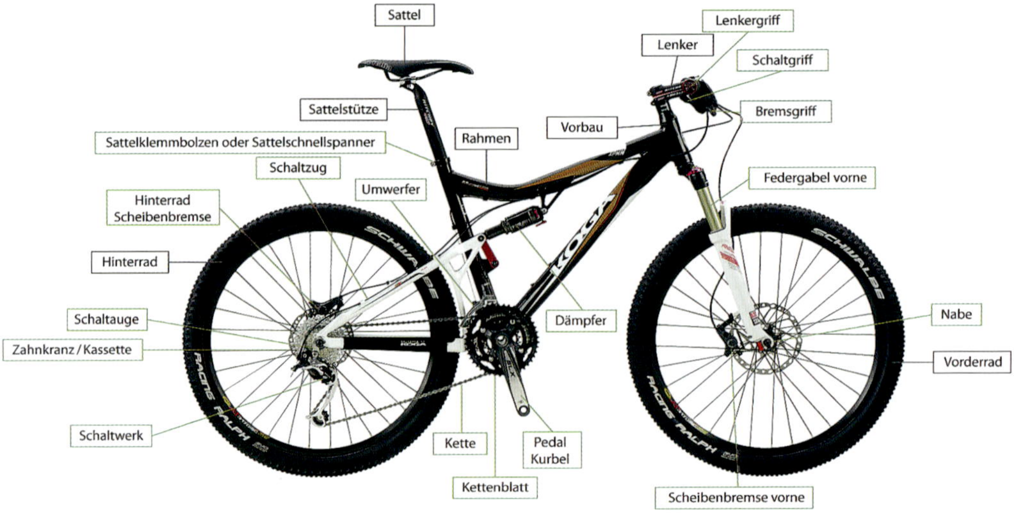

Hinterbausysteme

Verschiedene Arten der Hinterbaufederung

Wie bereits angedeutet, werden bei sportlichen Mountainbikes hauptsächlich zwei Hinterbaufederungssysteme angewendet. Da diese jedoch in diversen Sonderformen technisch umgesetzt werden, ist es für den Laien häufig schwierig zu entscheiden, um welche Rahmenform es sich bei seinem Bike handelt. Es gibt jedoch relativ einfache Merkmale, mit denen sich das jeweilige Federungssystem erklären lässt.
Um auch noch die mittlerweile veraltete Antriebsschwinge mit einzubeziehen, sei erwähnt, dass bei diesem Typ das Tretlager Bestandteil des federnden Hinterbaus, also nicht im Hauptrahmen integriert ist.
Diese Bauweise ermöglichte ein feines Ansprechverhalten auf Bodenunebenheiten und hatte vor allem den entscheidenden Vorteil, dass mit ihr der gefürchtete Pedalrückschlag gänzlich ausgeschlossen werden konnte, da der Abstand zwischen Tretlager und Hinterradnabe immer gleich blieb (Erklärung siehe unten).
Das grundlegende Problem der Antriebsschwinge war jedoch, was ihr dann auch ihre Daseinsberechtigung raubte, dass sie zu starken Wippbewegungen neigte, welche die zum Vortrieb eingesetzte Kraft des Fahrers zu einem gewissen Teil nutzlos verpuffen ließ.

Eingelenker

Parallel zur Antriebsschwinge wurde in den 90er-Jahren der Eingelenker entwickelt. Bei diesem System kreist der Hinterbau in einer runden Drehbewegung um ein Hauptschwingenlager - eben ein Gelenk - welches in der Nähe des Tretlagers im Rahmen integriert ist.

Das Tretlager selbst sitzt beim Eingelenker im Hauptrahmen, wo Sattelrohr und Unterrohr zusammen laufen.

Das Problem beim Eingelenker ist jedoch von Anfang an, dass dieser durch störenden Pedalrückschlag auffiel.

Pedalrückschlag entsteht, wenn der Fahrer mit großer Kraft, z.B. beim Anstieg im Wiegetritt, in die Pedale tritt. Hierbei zieht der dabei entstehende Kettenzug den Hinterbau und den Hauptrahmen zusammen und komprimiert dabei den Dämpfer.

Hat der Fahrer eine Pedalumdrehung zurückgelegt, was zu einer kurzzeitigen Entlastung des Kettenzuges führt, drückt der komprimierte Dämpfer Hauptrahmen und Hinterbau ruckartig auseinander, was wiederum so stark an der gespannten Kette reißt, dass dieser Zug die Kurbeln gegen die Drehbewegung des Fahrers zurückzieht.

Es geht also nach jeder Kurbelumdrehung ein kurzer Ruck von den Kurbeln aus, welcher einen effektiven, runden Tritt erheblich stört.

Um dieses Phänomen einzuschränken, setzten die Ingenieure das Hauptschwingenlager immer höher und weiter vor dem Tretlager an. Dadurch vergrößerten sie die Hebelkraft, die die Kette auf den Dämpfer ausüben konnte und bewirkten damit, dass diese Kraft der Kette auch in weniger gespanntem Zustand noch ausreichte, um den Dämpfer nicht ruckartig zurückschnellen zu lassen.

Außerdem vermindert der stetige Kettenzug Wippbewegungen des Hinterbaus, indem er Hinterbau und Hauptrahmen konstant leicht zusammen zieht.

Ein weiterer Vorteil war, dass die vom Rennrad bereits bekannten Klickpedale auch im Mountainbikesport immer mehr zum Einsatz kamen.

Durch den dadurch entstehenden runderen Tritt, entstand gar nicht mehr die Situation einer kurzzeitig weniger gespannten Kette und eines damit verbundenen Zurückschnellens des komprimierten Dämpfers.

Jetzt konnte der Eingelenker seine große Stärke, nämlich ein einmalig feines Ansprechverhalten, voll ausspielen.

Und diese Innovationen verhalfen ihm bis heute zu seiner allgemeinen Beliebtheit.

Mehrgelenker

Im Zusammenhang mit dem Eingelenker muss man allerdings auch den Mehrgelenker erwähnen. Wie der Name schon sagt, besitzt der Mehrgelenker mehrere Gelenke im Hinterbau. Dadurch wird er häufig mit dem Viergelenker verwechselt. Trotzdem ist er direkt mit dem Eingelenker verwandt, da sich auch beim Mehrgelenker der Hinterbau in einer kreisrunden Drehbewegung um ein Hauptschwingenlager bewegt.
Hauptmerkmal des Mehrgelenkers ist ein zusätzliches Gelenk jeweils in den Sitzstreben über der Hinterradnabe. Häufig wird dabei auf dieses Gelenk verzichtet und die Sitzstreben so dünn oder aus einem leichter flexenden Material gebaut, dass sie rein durch Verwinden die Arbeit von herkömmlichen Gelenken übernehmen und dabei natürlich wieder Gewicht sparen.
Der Dämpfer kann dabei auf verschiedene Weise am Hauptrahmen befestigt werden, parallel unterm Oberrohr, wie z. B. beim Rocky Mountain Element, oder senkrecht im Hauptrahmen, siehe z. B. Kona Bikes.
Der Vorteil des Mehrgelenkers ist, dass im Gelände entstehende Querkräfte nicht nur von dem einen Hauptschwingenlager aufgenommen werden, sondern auf mehrere Lager übertragen werden. Dadurch erfährt der gesamte Rahmen eine deutliche Versteifung gegenüber dem klassischen Eingelenker.

Abgestützter Eingelenker

Eine weitere Form des Eingelenkers ist der abgestützte Eingelenker.
Bei ihm wird die hintere Dämpferaufnahme von einer kleinen Wippe abgestützt, wie man es z. B. von Koga Bikes kennt.
Es entsteht sozusagen ein Mehrgelenker, nur dass dieser auf die zusätzlichen Gelenke über der Hinterradnabe verzichtet.
Sinn dieser Bauweise ist wiederum eine Versteifung des Hinterbaus.
Neben den guten Federungseigenschaften des Eingelenkers liegt sein Vorteil darin, dass vor allem amerikanische Firmen oder Firmen, die ihre Räder in Amerika verkaufen wollen, damit einer speziellen Patentstreitigkeit aus dem Wege gehen können.
Womit wir bereits bei der am stärksten verbreiteten Kategorie unter Tourenfullys sind, dem Viergelenker.

Viergelenker

Der Viergelenker zeichnet sich durch eine unscheinbare technische Besonderheit aus, welche ihm allerdings ein einmaliges Potenzial in Sachen effektiven Vortrieb verleiht.
Diese Besonderheit besteht aus jeweils einem kleinen Gelenk in den Kettenstreben, welches zumeist direkt vor oder leicht unterhalb der Hinterradnabe liegt.
Die dadurch entstehende Ausweichbewegung des Hinterbaus gegenüber Bodenunebenheiten erfolgt meist in einer senkrechten Auf- und Abwärtsbewegung und entkoppelt dadurch den Antrieb weitestgehend vom beweglichen Hinterbau. Pedalrückschlag oder kräfteverschwendende Wippbewegungen werden nahezu gänzlich ausgeschlossen.
Diese kleinen Gelenke werden auch Horst-Link genannt, was auf ihren Erfinder Horst Leitner zurückgeht.
In Amerika hat sich die Firma Specialized seit einigen Jahren das Patent auf den Horst-Link gesichert. Und da sich im Viergelenker ein schier unerschöpfliches Potenzial für effektive Tourenfullys auftut, verteidigt sie dieses Patent mit allen rechtlichen Mitteln gegenüber ihren Konkurrenten auf dem amerikanischen Markt. Da das Patent aber nur in Amerika gilt, findet sich dieses System zunehmend bei den deutschen und anderen Herstellern weltweit.
Auch vom Viergelenker gibt es verschiedene Varianten.
Die bekannteste ist der virtuelle Drehpunkt, meist VPP (Virtual Pivot Point) genannt.
Diese Sonderform, die man z. B. bei Santa Cruz und Intense Bikes sieht, weist die Horst-Link-Gelenke, die aus patentrechtlichen Gründen natürlich nicht so heißen, sehr weit vorne, direkt hinter dem Tretlager auf.
Dadurch weist der Hinterbau eine S-förmige Linie beim Einfedern auf, welche zuerst dem Hindernis auf einer Kreisbahn, ähnlich dem Eingelenker, ausweicht, um dann weiter senkrecht einzufedern. Theoretisch vereint der VPP damit die Vorteile von Ein- und Viergelenker in einem System.
Jedoch ist dies, wie auch andere Systeme, nur eine Variante des normalen Viergelenkers.

Federelemente

Neben den immer weiter entwickelten Hinterbaukonstruktionen spielen die Federelemente, also Federgabel und Dämpfer, eine entscheidende Rolle für den Fahrspaß und die Vielseitigkeit moderner Fullys.
Auch auf diesem Gebiet hat in den letzten Jahren ein Quantensprung stattgefunden. So sind Federwege, wie sie noch vor einigen Jahren typisch für Downhillbikes waren, heute eine Selbstverständlichkeit selbst an Bikes, die für den sportlichen Marathoneinsatz geeignet sind.
Das Plus an Federweg, welches sich heutzutage extrem effektiv auch den Berg hinauf bewegen lässt, bietet dem Fahrer natürlich eine bessere Fahrsicherheit in allen Situationen, wenn der Weg gröber wird, die Hindernisse also an Größe zunehmen.
Mit ihrer Vielseitigkeit haben diese neuen Federelemente allerdings auch eine Vielfalt an Einstellmöglichkeiten dazu gewonnen, die so manchen Biker verzweifeln lässt. Häufig kann man beobachten, dass Besitzer eines neuen Bikes die Einstellungen, welche im Laden vorgenommen wurden, überhaupt nicht mehr anrühren, um möglichst nichts verkehrt zu machen. Das nimmt den Federelementen und damit dem ganzen Bike aber womöglich einen Teil seiner Performance.
Schlimmer ist es jedoch, zu beobachten, wie eine unbefriedigende Funktion von Gabel oder Dämpfer mit einem Handgriff an der falschen Stelle beseitigt werden soll und damit die Funktion des Elements noch weiter eingeschränkt wird.
Wir möchten daher an dieser Stelle einen kurzen Überblick der wichtigsten Funktionen geben, die an fast jeder Gabel und jedem Dämpfer gleich sind.

Federeinheit

Federgabeln und Dämpfer sind technisch gesehen genau das gleiche. Sie unterscheiden sich nur dadurch, dass die Gabel zwei Holme hat und häufig über mehr Einstellmöglichkeiten verfügt.
Jedes hochwertige Federelement, welches an Mountainbikes ab ca. 600 Euro montiert ist, besteht aus zwei Einheiten.
Da ist zum einen die Federeinheit.
Wie der Name schon sagt, macht sie es möglich, dass Gabel oder Dämpfer einfedern können. Klassischerweise verrichtet diesen Dienst eine Stahlfeder.
Sogenannte Elastomere, also elastisch verformbare Kunststoffeinheiten, findet man heutzutage nicht mehr als eigentliches Federelement in Gabel oder Dämpfer. Aufgrund der besseren Einstellmöglichkeiten und eines geringeren Gewichts kommen im höherwertigen Preissegment jedoch zunehmend Luftfederelemente zum Einsatz.
Dabei wird bei Schlägen einfach die Luft in einer Kammer komprimiert.

Dämpfungseinheit

Zum anderen gibt es noch die Dämpfungseinheit. Sie führt die Federbewegung in kontrollierten Bahnen. Das heißt, sie verhindert, dass das Federelement sich bei schnellen, aufeinander folgenden Schlägen aufschaukelt und ein nervöses, unkontrollierbares Fahrverhalten erzeugt wird. In der Regel wird dieser Dienst von einem Hydrauliköl verrichtet.

Tipp

Hochwertige Federelemente bestehen immer aus zwei getrennten Teilen: einer Federeinheit (Stahlfeder oder Luft) und einer Dämpfungseinheit (meist Öl).

Einstellung der Federeinheit

Ausschließlich über die Federeinheit werden Gabel oder Dämpfer auf das Gewicht des Fahrers eingestellt.
Das bedeutet, dass nach dem Kauf des neuen Bikes eventuell noch der Kauf einer neuen Stahlfeder für die Gabel notwendig wird, da die Feder in ihrer Härte eben an das Gewicht des Fahrers angepasst sein sollte.
Es macht übrigens wenig Sinn, über die Vorspannschrauben, die sich normalerweise oben an der Gabelkrone oder hinten am Dämpfer befinden, zu versuchen, eine zu weiche Stahlfeder an das Fahrergewicht anzupassen.
Indem man die Feder durch Zuschrauben vorab stärker zusammenpresst, fühlt sie sich zwar härter an, man reduziert dadurch aber auch wertvollen Federweg.
Aus diesem Grund ist es verständlich, dass sich in den letzten Jahren Luftfederelemente im Bereich der Tourenfullys weitestgehend durchgesetzt haben.
Denn neben dem geringeren Gewicht haben sie den Vorteil, dass sie sich auf jedes Fahrergewicht optimal einstellen lassen. Man muss dazu sagen, dass die Federelemente der bekannten großen Hersteller heutzutage den eingestellten Luftdruck über eine ganze Saison so ziemlich unverändert halten, wenn sie stets sauber gehalten werden.

Anleitung

Dämpferpumpe

Zuletzt möchten wir kurz beschreiben, wie man eine korrekte Einstellung von Luftfederelementen vornimmt.
Wichtiges Zubehör dabei ist eine sogenannte Dämpferpumpe.
Nur mit solch einer speziellen Hochdruckpumpe ist es möglich, Gabeln und Dämpfer exakt einzustellen. Normale Luftpumpen sind dafür unbrauchbar.

Federgabel

Da Federgabeln ihren Federweg eins zu eins umsetzen, also ein Zentimeter Eintauchen auch einem Zentimeter Federweg entspricht, lassen sie sich sehr gut nach der Herstellertabelle einstellen, welche im Handbuch der Gabel oder auf der Internetseite des Herstellers einzusehen ist. Fragen Sie hierzu bei Bedarf auch Ihren Händler.

Hinterbaudämpfer

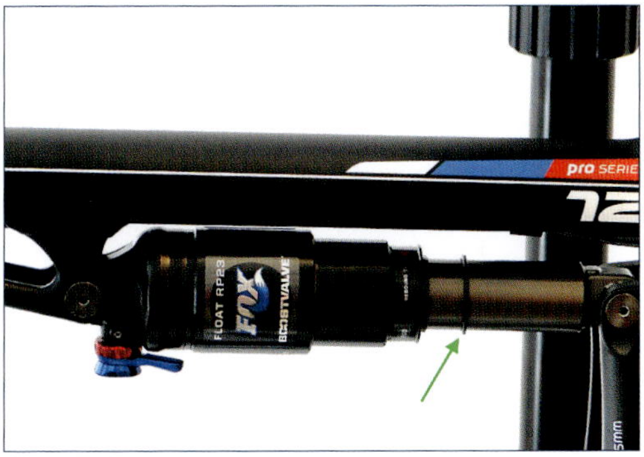

Bei Hinterbaudämpfern sieht die Sache etwas komplizierter aus.
Da diese immer in einem Übersetzungsverhältnis arbeiten – wie weit der Dämpfer einfedert entspricht also nicht dem Weg, um den sich das Hinterrad nach oben bewegt – und dieses wiederum von dem Rahmen abhängt, in dem sie eingebaut sind, muss man sich einen Trick zunutze machen.
Normalerweise umgibt den Hubkolben von Herstellerseite ein Gummiring.
Sollte dieser fehlen, kann man ihn problemlos durch einen Kabelbinder ersetzen.

- Schieben Sie den Gummiring auf Anschlag an das Gehäuse der Luftkammer.
- Setzen Sie sich langsam auf den Sattel des Bikes, ohne dabei ruckartig den Dämpfer einzutauchen.
- Stehen Sie nun langsam wieder auf und schauen Sie, wie weit sich der Ring verschoben hat.

Grundeinstellung der Zugstufe

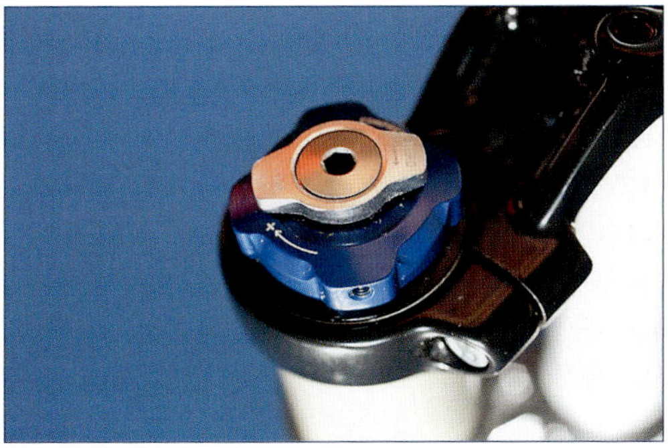

Eine gute Grundeinstellung erhält man, indem man je nach Bedarf den Sattel oder den Lenker tief hinunterdrückt und beobachtet, wie schnell Dämpfer oder Gabel wieder ausfedern.

Springen die Elemente sozusagen ungebremst zurück, muss man den REBOUND ein Stück zudrehen.
Kommen die Elemente sichtbar langsam in ihre Ausgangsposition, muss man den REBOUND ein Stück aufdrehen.
Ein guter Richtwert ist, wenn man eine gewisse, nicht übermäßige Führung der Ausfedergeschwindigkeit beobachten kann.
Die Feineinstellung sollte dann auf Tour erfolgen. Durch Ausprobieren lernt man die Technik kennen und erreicht in kurzer Zeit eine gute Einstellung.

Dämpfungsarten

Wie bereits angesprochen, reguliert man über die Dämpfungseinheit die Geschwindigkeit, mit der das Federelement ein- und ausfedert.

Zugstufe

Die entscheidende Dämpfungsart, über die so ziemlich alle Federelemente verfügen, ist die Zugstufe (auf den meisten Parts englisch mit REBOUND bezeichnet).
Diese Dämpfung reguliert die Ausfedergeschwindigkeit. Die wiederum ist der entscheidende Parameter, da man über ihn einstellen kann, wie schnell das Federelement wieder ausfedert, sprich der Reifen wieder Bodenkontakt, also Traktion hat.
Ist die Zugstufe zu langsam eingestellt, federn Gabel oder Dämpfer nach einem Schlag zu langsam wieder aus, bleiben also immer teilweise eingefedert. Dadurch bekommt der Reifen nicht schnell genug Bodenkontakt, er verliert Traktion, das Rad kann wegrutschen.
Ist die Zugstufe jedoch zu schnell eingestellt, springt das Federelement ungebremst in seine Ausgangsposition, sobald es einen Schlag abbekommen hat. Der Reifen beginnt zu springen wie ein Gummiball und verliert dadurch wiederum Traktion.

Druckstufe

Neben der Zugstufe gibt es die Druckstufe. Diese reguliert die Einfedergeschwindigkeit. Und um die Vielfalt noch weiter zu treiben, wird heute, vor allem bei Gabeln mit langem Hub, zunehmend zwischen Low-Speed- und High-Speed-Druckstufe unterschieden.
Kurz gesagt kann man über die High-Speed-Druckstufe die Progression der Gabel verändern, also die Kurve, mit der die Gabel am Ende ihres Federwegs verhärtet.
Dies ist vor allem für Fahrer interessant, die gerne springen und vermeiden wollen, dass ihr Federelement bei der Landung durchschlägt.
Für den normalen Tourenfahrer wesentlich interessanter ist die Low-Speed-Druckstufe, meist kurz als Druckstufe bezeichnet.
Wird die Druckstufe komplett geschlossen, haben wir den sogenannten Lock-out.
Das Federelement lässt sich nicht mehr einfedern, das Rad fährt sich im Vortrieb so effektiv wie ein ungefedertes Straßenrad und neigt nicht mehr dazu, z. B. im Wiegetritt investierte Kraft durch Wippen zu verlieren.
Abseits geteerter Straßen und glatter Forstwege macht es übrigens keinen Sinn, die

Druckstufe halb geschlossen zu fahren, denn man will ja, dass das Federelement direkt, ohne Verzögerung auf jedes kleinste Hindernis reagiert. Und das kann es nur, wenn es maximal schnell einfedern kann.
Als Weiterentwicklung der reinen Druckstufe werden heute zunehmend »intelligente« Dämpfungssysteme, sogenannte Plattform-Systeme, verbaut.
Mit diesen Systemen lassen sich Federelemente teilweise bis komplett blockieren, ohne dabei in Gefahr zu geraten, kaputtzugehen, wenn sie Schläge abbekommen. Das heißt, dass sie trotzdem einfedern, wenn sie einen Schlag abbekommen, auch dann, wenn sie blockiert sind.

Ob es sich bei Ihrem System um eine Druckstufe im klassischen Sinne oder ein Plattformsystem handelt, verrät Ihnen Ihr Händler oder das Handbuch, welches Sie zu jedem neuen Bike dazubekommen.
Die bekanntesten Systeme sind derzeit Motion Control und Mission Control von Rock Shox sowie Pro Pedal von FOX.
Des Weiteren muss man dazusagen, dass jedes System, welches zum Unterdrücken von Wippbewegungen eingesetzt wird, das Ansprechverhalten der Federelemente spürbar verschlechtert. Spielen Sie also mit diesen Möglichkeiten so lange, bis Sie eine zufriedenstellende Einstellung gefunden haben.

Verstellen des Federweges

Eine weitere interessante Entwicklung ist die Federwegsverstellung, über die viele Federgabeln verfügen.
Sowohl bei vielen Stahlfeder- als auch Luftfedergabeln kann man heutzutage den Federweg um einige Zentimeter variieren. Teilweise erfolgt dies stufenlos, teilweise in Schritten.
Diese technische Besonderheit hat das Einsatzspektrum vieler Bikes extrem erweitert, denn nun ist es möglich, die Federgabel und damit die gesamte Front des Bikes abzusenken.
Dadurch wandert der Schwerpunkt des Fahrers weiter nach vorne über das Vorderrad und man bezwingt, gleich einer Zahnrad- oder Standseilbahn, selbst steilste Anstiege.
Oben angekommen fährt man die Gabel wieder zu ihrer vollen Länge aus, der Schwerpunkt wandert nach hinten, dadurch verringert sich das lästige Überschlagsgefühl in steilen Passagen und man fährt entspannt, mit genügend Federwegsreserven bergab.

Bedenkt man, dass der Dämpfer fast bis auf Anschlag der Kolbenstange eintauchen kann, kann man sich nun ein prozentuales Verhältnis zum Gesamtfederweg errechnen.

Dieser sogenannte Negativfederweg (engl. SAG) sollte ca. 15–20 % des Gesamtfederwegs bei Touren- und Cross Country-Fullys betragen (Erklärung folgt im nächsten Kapitel) und ca. 20–30 % bei All-Mountain- und Enduro-Fullys.

Wichtig ist dabei zu erwähnen, dass es nicht vom eingestellten Luftdruck abhängt, ob sich das Bike geschmeidig fährt und auf jeden Kieselstein anspricht oder ob es sich sportlich, straff fährt.

Das hängt zu einem wesentlichen Teil vom Charakter des Bikes, also seiner Rahmenkonstruktion ab.

Gefällt einem dieser also nicht, so wird man ihn nicht wirklich durch Einstellen eines falschen Luftdrucks auf die eigenen Bedürfnisse anpassen können.

Einen Vorschlag, wie viel Negativfederweg für das jeweilige Modell empfehlenswert ist, liefern alle großen Hersteller entweder im Handbuch zum Bike oder Ihr Händler kann Sie darüber informieren.

Natürlich dürfen Sie auch hier wieder selber Hand anlegen und ausprobieren.

Sollten Sie für Ihre Federgabel partout keine Druckangaben finden, können Sie natürlich genauso hier mit einem Kabelbinder arbeiten.

Bei einer Gabel gilt in der Regel das gleiche prozentuale Verhältnis des Gesamtfederwegs wie bei dem Dämpfer am selben Bike.

Tipp

Versenken Sie den Sattel zum Einstellen des Dämpferdrucks möglichst weit nach unten. So können Sie sich langsam auf den Sattel setzen und die Beine leicht vom Boden abheben. Nun wirkt allein Ihr Körpergewicht auf den Dämpfer. Halten Sie sich dazu am besten an der Wand oder an einem Möbelstück fest.

Achtung ⚠

Öffnen Sie abseits geteerter Straßen und glatter Wege immer den Lock-out! Wenn Sie mit geschlossenem Lock-out ein größeres Hindernis überfahren, kann der Öldruck im Federelement schlagartig so groß werden, dass die Öldichtung reißt. Die Folge: Öl tritt aus, die Dämpfungseigenschaften gehen verloren und das Federelement muss repariert werden.

Achtung ⚠

Achtung beim Luftablassen an Dämpfern und Federgabeln! Da diese Teile nur über eine sehr kleine Luftkammer verfügen, reicht bereits ein kurzer Druck aufs Ventil und Sie entleeren den Dämpfer fast vollständig. Lassen Sie die Dämpferpumpe daher immer aufgeschraubt. Sie hat normalerweise ein kleines Ablassventil, über das Sie gezielt etwas Luft ablassen und nebenbei den Druck am Manometer verfolgen können.

Kaufberatung

Welches Rad zu welchem Zweck?

Dem interessierten Kunden bietet sich heute ein schier unüberschaubarer Markt an verschiedenen Bikekategorien und -modellen. Doch keine Angst, ähnlich wie bei vielen anderen Sportgeräten ist auch in diesem Segment die Entwicklung so weit fortgeschritten, dass ein kapitaler Fehlkauf fast nicht mehr möglich ist. Wichtig ist allerdings, dass Sie sich gut beraten und vor allem auf das gewünschte Bike einmessen lassen.
Die Bikes aus den verschiedenen Kategorien haben über ihr definiertes Einsatzgebiet hinaus einen so großen Einsatzspielraum, dass Sie schon an einen Laien geraten müssten, um ein völlig ungeeignetes Bike zu kaufen.
So machen selbst rennsportlich orientierte Bikes mit ihrer gestreckten Sitzposition und dem straffen Fahrwerk heute auch bergab Spaß.
Und selbst Enduros warten mit so leichten Rahmen und Parts auf, dass man sich nicht mehr vor übermäßigem Gewicht und uneffektivem Vortrieb bergauf fürchten muss.
Wir möchten im Folgenden einen kurzen Überblick über die Mountainbike-Kategorien geben, wie sie sich zurzeit am Markt präsentieren. Dabei stellen wir vor allem die Kategorien vor, die für den Hobbybiker interessant sind.

Verschiedene Bikekategorien

Cross-Country/Tour

Die Kategorie der Cross-Country- und Touren-Fullys spricht vor allem solche Fahrer an, die längere Distanzen, gerne mit vielen Höhenmetern, im Fokus haben, für die eine Alpenüberquerung Thema ist und die auch gerne mal den einen oder anderen Marathon oder ein Hobbyrennen fahren möchten. Diese Bikes haben ein geringes Rahmengewicht und verfügen auch sonst über sehr leichte Komponenten.
Ihr Federweg liegt meist bei 100 bis 120 Millimeter.

All-Mountain

Bei den All-Mountain-Bikes haben wir die Kategorie, die den größten Einsatzspielraum bietet. Egal ob Marathon mit vielen Kilometern und Höhenmetern oder verwinkelter Wanderpfad mit technischen Passagen, diese Kategorie an Bikes meistert so ziemlich jede Situation und dafür haben sie auch die nötige Ausstattung. Die Komponenten werden zwar bewusst nicht zu schwer gewählt, doch haben sie ausreichend Reserven, um auch mal den einen oder anderen Schlag wegzustecken.
Die Federwege dieser Bikes liegen zwischen 120 und mittlerweile bis zu 150 Millimeter.
Wegen dieser großen Spanne unterteilt man diese Bikes meist noch in All Mountain Sport (eher leichter, mit weniger Federweg) und in All Mountain Plus (als Trailbike mit mehr Reserven in der Abfahrt).

Enduro

Zuletzt setzt die Kategorie der Endurobikes noch einen in Sachen Abfahrtsspaß obendrauf. Gegenüber einem All-Mountain-Bike mit 150 Millimeter Federweg sind diese Bikes mit einem robusteren Rahmen unterwegs, die Sitzgeometrie ist noch ein Stück aufrechter und die Ausstattungsparts wie Laufräder, Gabel etc. sind stabiler. Dank der zumeist absenkbaren Gabel lassen sie sich zwar relativ gut den Berg hinauf kurbeln, aber ihr Fokus liegt ganz klar in der Abfahrt. Sprünge, stark verblocktes Gelände und hohe Geschwindigkeiten bergab gehören zu ihrem Repertoire.
Enduros verfügen über Federwege zwischen 150 und 170 Millimeter.

Racebike

Downhill-Bike

Freeride-Bike

Die Grenzen der vorher genannten Kategorien setzen Klassen, die in ihrer Variabilität sehr eingeschränkt und damit eher für Fahrer geeignet sind, die eine spezielle Gangart im Visier haben und nicht auf die Vielseitigkeit der oben beschriebenen Bikes angewiesen sind.
Mit dem Racebike zum Beispiel werden Cross-Country- und Marathon-Rennen gefahren. Es wird aus extrem leichten Rahmen und Komponenten-Parts aufgebaut, verfügt über eine gestreckte Sitzposition für den effektiven Antritt am Berg und verzichtet in der Regel auf eine Hinterradfederung. Sicherlich macht es Spaß, so eine Waffe, mit ihren 80 bis 100 Millimeter Federweg den Berg hinaufzutreiben. Doch werden die meisten Hobbyfahrer bereits auf den ersten Metern bergab oder in unwegsamem Gelände merken, dass es schon einer besonders guten Fahrtechnik bedarf, um dieses Rad in der Spur zu halten.
Lassen sich mit dem Racebike die Höhenmeter wie nichts zurücklegen, so ist das Downhillbike das geeignete Spielzeug, um diese wieder zu vernichten. Die aufrechte Sitzposition und ein extremer Federweg von 200 Millimetern lassen dieses Bike selbst gröbste Hindernisse spielerisch und mit hoher Geschwindigkeit überwinden. Um dieses Bike noch gut beschleunigen zu können und damit (Downhill-)wettkampftauglich zu sein, werden gewisse Maßnahmen ergriffen, um das Gewicht in Grenzen zu halten.
Anders sieht das beim Freeridebike aus. Ähnlich wie das Downhillbike verfügt es über reichlich Federweg. Doch da seine Marschrichtung klar definiert ist, nämlich springen und mit Speed bergab in härtestem Gelände, spielt beim Freeridebike das Gewicht keine Rolle. Bergauf geht's eh mit dem Lift.

Rahmengröße und Sitzposition

Auch beim Mountainbike ist die richtige Rahmengröße ausschlaggebend für ungetrübten Fahrspaß. Um diese zu ermitteln, ist es unerlässlich, das gewünschte Bike Probe zu fahren. Dabei muss man zwei Aspekte unterscheiden. Einerseits die korrekt eingestellte Sattelposition und andererseits die eingenommene Sitzhaltung.
Die richtige Sattelposition lässt sich nur bei einem Rad mit passender Rahmengröße gut einstellen. Sie betrachtet den Fahrer von der Hüfte abwärts und ist bei Mountainbikes, Rennrädern sowie Trekking- und Citybikes immer gleich (s. S. 19). Sie sorgt dafür, dass sich das Rad mit effektivem Vortrieb pedalieren lässt und dabei Gelenke und Sehnen schont.
Die Sitzhaltung, die der Fahrer auf dem Rad einnimmt, also wie er ab der Hüfte aufwärts gesehen auf dem Rad sitzt, wird in erster Linie von der Rahmengeometrie bestimmt. So kann es passieren, dass man sich auf einem Bike dennoch unwohl fühlt, obwohl die Rahmengröße passt.
Natürlich kann man durch den Austausch des Vorbaus, der Lenker und Griffe gewisse Veränderungen an der Sitzhaltung beeinflussen. Man sollte sich in diesem Fall jedoch eher überlegen, ob nicht das Rad aus einer anderen Kategorie der gewünschten Geometrie näherkommt.
Die Sitzhaltung aufrechter oder gestreckter zu wählen ist Geschmackssache. Die gestreckte Sitzhaltung auf einem Rennrad ist für Rücken und Nacken belastender und somit ungesünder als die aufrechte Haltung auf einem All-Mountain-Bike. Sie spiegelt nur die Anforderungen an das Betätigungsfeld wider und hat mit der gewünschten Effektivität nichts zu tun.

Einmessen

Um zu ermitteln, ob ein Bike die richtige Rahmengröße hat, ist es sinnvoll, eine zweite Person heranzuziehen.
Des Weiteren benötigen Sie ein Lot.
Ziehen Sie zum Einmessen Schuhe mit einer normal dicken Sohle an, z. B. Joggingschuhe.
Stellen Sie sich nun am besten mit dem Bike parallel zu einer Wand, setzen sich auf den Sattel, nehmen den Lenker in eine Hand und stützen sich mit der anderen an der Wand ab.
Besser noch ist es, den Lenker mit beiden Händen zu ergreifen und sich mit der Schulter an die Wand zu lehnen.
Nun stellt man sich so auf die Pedale, dass man die Pedalachse im Ballen spürt. Das heißt, der Fuß liegt im vorderen Drittel auf dem Pedal auf.
Um jetzt die korrekte Sattelhöhe zu bestimmen, dreht man die der Wand abgewandte Kurbel senkrecht nach unten.
Das Bein sollte nun optimalerweise ca. 10° von der gestreckten Stellung abweichen, also eine leichte Biegung haben.
Lassen Sie sich dabei von der Hilfsperson unterstützen, da diese einen genaueren Blick auf Ihre Beinstellung werfen kann (s. Trekkingbike S. 21).
Um die richtige Sattelhöhe zu erreichen, sollte der Sattel bei modernen Mountainbikes zwischen 19 und 25 Zentimeter über dem Oberrohr stehen.

Ist er über oder unter diesem Bereich, sollten Sie zu der jeweils größeren oder kleineren Rahmengröße greifen.
Anhand dieser Tabelle können Sie Ihre Rahmenhöhe bestimmen:

Schrittlänge	Oberrohrlänge	Rahmenhöhe
70	62	36–40
72	64	37–41
74	66	38–43
76	68	40–46
78	70	42–48
80	72	44–50
82	74	46–51
84	76	48–53
86	78	49–54
88	80	50–56
90	82	51–57
92	84	52–58
94	85	53–59
96	86	54–60
98	88	56–62
100	90	56–64

Ein zweiter wichtiger Parameter ist die Sattelposition auf der Längsachse.
Bringen Sie nun die der Wand abgewandte Kurbel nach vorne in die Waagerechte und lassen Sie von Ihrer Hilfsperson das Lot bestimmen, welches ein wenig hinter der Kniescheibe gemessen fällt. Dieses sollte im Idealfall direkt auf die Pedalachse fallen.
Achten Sie bei der Messung unbedingt darauf, dass Sie mittig auf dem Sattel sitzen, und halten Sie auch hierbei wieder den Lenker am besten mit beiden Händen.
Sollte nun das Lot von der Idealposition abweichen, können Sie den Sattel auf der Sattelstütze in einer Waagerechten vor und zurück verschieben. Sie benötigen dazu meist einen 5er- oder 6er-Inbusschlüssel.

Achtung ⚠
Achten Sie dabei unbedingt darauf, dass Sie den Sattel nicht über die Grenzmarkierungen, welche auf den Sattelstreben auflackiert sind, verschieben. Andernfalls droht Bruchgefahr der Streben unter hoher Belastung.

Bremshebeleinstellung

Die Bremshebeleinstellung ist besonders wichtig, damit Sie bei einer längeren Abfahrt keine brennenden Unterarme und/oder taube, kraftlose Finger bekommen. Die meisten Bremshebel sind als Ein- bzw. Zweifinger konzipiert. Da an vielen Mountainbikes die Bremshebel viel zu dicht am Griff montiert sind, greifen Sie, durch den kürzeren Hebel, zu dicht am Gelenk und verbrauchen dadurch mehr Kraft. Lesen Sie im City-/Trekkingbike-Teil auf S. 23, wie Sie Ihren Bremshebel richtig einstellen. Durch Versetzen von Brems- und Schalthebel in Richtung Vorbau, kann eine ergonomischere Griffposition erzeugt werden.

Das Werkzeug

Um ein modernes Mountainbike zu pflegen und einfache Wartungsarbeiten und Reparaturen selbst durchzuführen, braucht man nicht viel Werkzeug.
Sparen Sie niemals an der Qualität: Es ist zwar verlockend, wenn Discounter mit Schnäppchenpreisen für ein Werkzeugset werben, mit denen ihr Radsportgeschäft nicht mithalten kann. Aber Sie können davon ausgehen, dass die Qualität dieses Werkzeugs sehr gering ist, vor allem der Stahl, aus dem die Teile gefertigt sind. Bei der ersten Schraube, die etwas fester sitzt, wird dieses Werkzeug aufgrund fehlender Härte nachgeben und den Schraubenkopf rund drehen. Ist dies geschehen, hilft es nur noch, die Schraube auszubohren. Und das ist an manchen Stellen des Bikes selbst für einen erfahrenen Mechaniker eine heikle Aufgabe.
Hier erhalten Sie einen Überblick über die Werkzeuge, mit denen Sie sich auf Tour und zu Hause einfach selbst helfen können.

Heimwerkstatt

Für das Arbeiten in der Heimwerkstatt benötigen Sie:

- Einen Montageständer, mit dem Sie Ihr Rad aufrecht fixieren können und der das Hinterrad frei drehbar macht.
- Eine sehr preisgünstige Lösung sind dazu kleine Drahtgestelle, an denen man das Rad mit der Kettenstrebe aufhängt. Allerdings fixieren sie das Bike nicht sehr stabil, sodass es Ihnen beim Schrauben umkippen kann.

- Besser ist da ein richtiger Montageständer mit einer schwenkbaren Kralle, in der man den Rahmen oder die Sattelstütze einhängen kann. Sie sind teilweise höhenverstellbar und kosten mindestens 100 Euro.
- Das Bike über Schnüre oder Ketten von der Decke herabhängen zu lassen ist ungünstig, da es beim Einstellen von Schaltung und Bremsen unkontrollierbar hin und her schwingt.

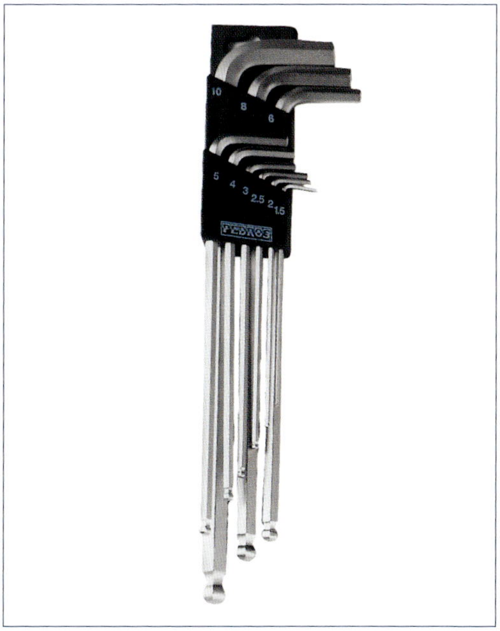

- Einen qualitativ hochwertigen Inbusschlüsselsatz.
- Auch wenn Sie die wichtigsten Inbusschlüssel bereits an Ihrem Multitool haben, ist es wesentlich effektiver, mit einem Schlüssel zu arbeiten, der einen längeren Griff hat. Vor allem die kleinen Schrauben für die Griffweiteneinstellung Ihres Bremshebels erreichen Sie meist nur mit dem langen Inbus.

Achtung ⚠

Die langen Enden von Inbusschlüsseln aus einem Set besitzen häufig einen Kugelkopf. Verwenden Sie diesen Kugelkopf niemals bei Schlüsseln der Größe 2, 2,5 und 3! Durch die geringe Auflagefläche der Kugel ist die Gefahr hoch, den Schraubenkopf rund zu drehen. Sägen Sie die Kugel lieber mit einer Stahlsäge ab. So erhalten Sie ein Werkzeug, das bündig und sicher in den Schraubenkopf greift.

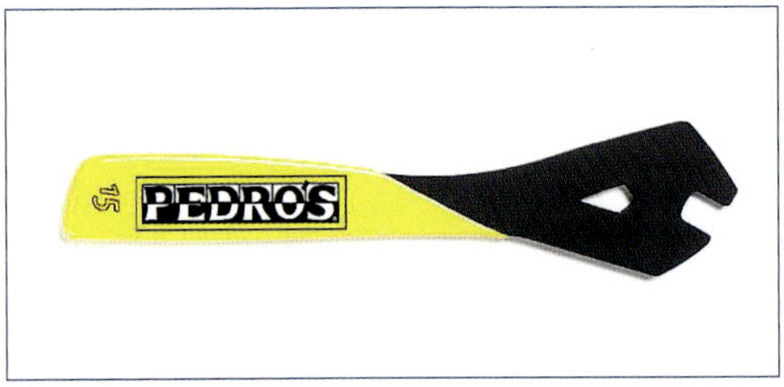

- Einen Pedalschlüssel.
- An die Gewinde der Pedale kommt viel Wasser und Dreck. Daher sitzen sie irgendwann so fest, dass Sie diese mit einem normalen 15er-Maulschlüssel nicht mehr aufbekommen.

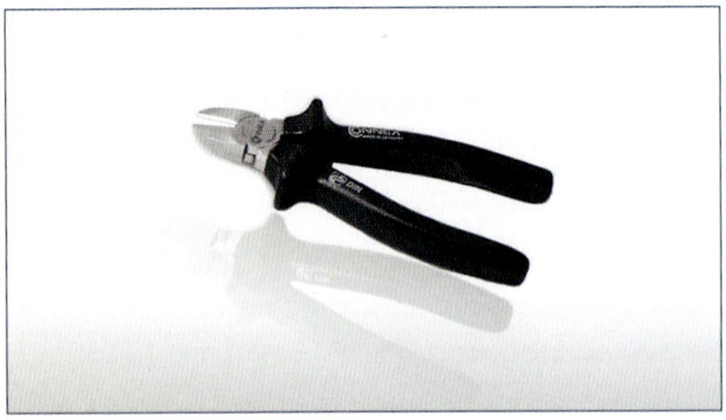

- Einen Seitenschneider zum Kürzen von Schaltkabeln, Bremskabeln und Kabelbindern.

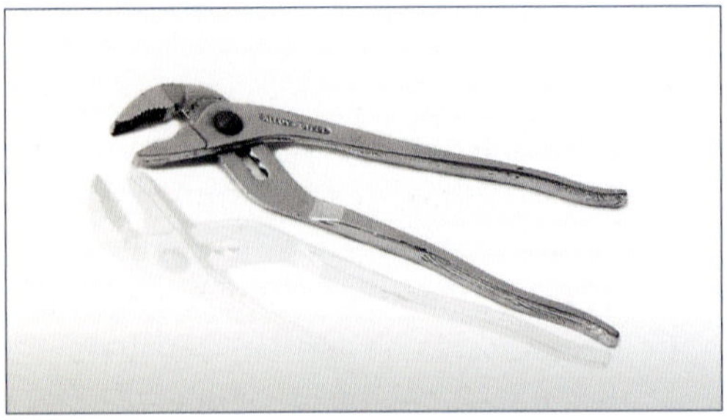

- Eine Rohr- oder Kombizange zum Fixieren von Muttern, Schrauben, Gelenken etc., wenn Sie diese mit reiner Fingerkraft nicht mehr halten können.
- Eine Spitzzange für den gleichen Einsatz an engen verwinkelten Stellen.

- Eine Standpumpe mit Manometer.
- Nur mit ihr befüllen Sie das große Volumen eines Mountainbikereifens zügig.

Werkzeug für unterwegs

Achten Sie beim Werkzeug wie bei der übrigen Ausrüstung auch auf ein möglichst geringes Gewicht. Sparen Sie hier nicht an der falschen Stelle.
Ein sinnvolles Reparaturset auf Tour besteht aus:

- einem Multitool (Näheres dazu s. u.),
- ein bis zwei Schläuchen,
- einer kleinen Luftpumpe,
- einem Flickzeug,
- zwei bis drei Reifenhebern (sofern im Multitool nicht enthalten).

Um kleinere Reparaturen unterwegs durchführen zu können, benötigen Sie hauptsächlich einen 4er- und einen 5er-Inbusschlüssel.
Außerdem brauchen Sie bei einem Kettenriss einen Kettennieter. Üben Sie damit jedoch unbedingt vor der Tour, eine Kette neu zu vernieten.
Des Weiteren sind je ein Kreuzschlitz- und ein normaler Schraubenzieher sinnvoll. Diese einzelnen Werkzeuge gibt es heutzutage von verschiedenen Herstellern clever kombiniert an den sogenannten Multitools, die sehr kompakt und leicht sind.

Weitere wichtige Dinge, die Sie besonders auf Mehrtagestouren mitnehmen sollten:

- Eine Dämpferpumpe (wenn Sie Luftfederelemente besitzen).
- Ein Speichenschlüssel, der zur Breite Ihrer Speichennippel passen muss. Informieren Sie sich vorher in Ihrem Radsportgeschäft.
- Ein paar Kettennieten, denn ohne diese kleinen Ersatznietstifte können Sie eine gerissene Kette nicht neu vernieten.
- Ein Ersatzschaltauge; eine Sollbruchstelle aus weichem Aluminium, mit der das

Tipp

Die meisten Defekte auf Tour lassen sich besser beheben, wenn das Bike auf seinen Rädern steht und nicht kopfüber. Lassen Sie sich von einem Mitfahrer helfen, der das Rad hält und im Bedarfsfall das Hinterrad vom Boden anhebt. So kann es frei laufen, wenn sie die Kurbeln drehen.

Schaltwerk bei modernen Mountainbikes am Rahmen angeschraubt ist. Das Schaltauge ist leicht austauschbar und schützt das (teure) Schaltwerk vor Beschädigung. Ist das Schaltauge verbogen oder gebrochen, muss es durch ein neues ersetzt werden. Da es nicht genormt ist, hat fast jedes Bikemodell ein anderes Schaltauge.

- Mindestens ein Paar Ersatzbremsbeläge, besser zwei Paar. Diese benötigen Sie vor allem, wenn Sie eine Scheibenbremse haben, da Sie hier den Zustand der Beläge nicht immer im Blick haben.
- Nadel und ein stabiles Garn. Gerade auf felsigem Untergrund kann es vorkommen, dass Sie sich die Flanke Ihres Reifens aufreißen. In diesem Fall sind Nadel und Garn ideale Hilfsmittel. Mit einigen Stichen flicken Sie Ihren Reifen so haltbar, dass Sie damit bedenkenlos bis zum nächsten Radsportgeschäft fahren können oder sogar noch weiter.
- Auch mit einigen stabilen Kabelbindern im Gepäck können Sie erstaunlich viele Defekte am Rad beheben.

Sicherheitscheck – Mein Fahrrad vor jeder Tour

Ein Mountainbike ist hohen Belastungen ausgesetzt. Es muss harte Schläge wegstecken, die Bremsen sollen auch nach mehreren Hundert Höhenmetern Abfahrt noch satt verzögern und die Reifen sollen ihre Traktion behalten, auch wenn der Untergrund lose wird. Damit man sich immer auf die volle Funktionalität seines Bikes verlassen kann, sollte man vor jeder Fahrt einen kleinen und hin und wieder einen größeren Sicherheitscheck durchführen.

Wartung – Check vor der Tour

(S. auch City-/Trekkingbike auf S. 27 ff.)
Stellen Sie sicher, dass Ihre Bremsbeläge noch ausreichen. Gerade bei Scheibenbremsen sollten Sie genau hinsehen, eventuell müssen Sie dazu die Laufräder ausbauen. Nehmen Sie immer mindestens ein Paar Ersatzbeläge mit auf Tour (Belagwechsel s. S. 149).
Vergewissern Sie sich, ob Ihr Reifen noch über genügend Profil verfügt. Dabei können Sie auch gleich mal einen Blick auf die Reifenflanken werfen und diese auf Risse untersuchen.
Kontrollieren Sie den Luftdruck Ihrer Reifen. Fahren Sie mit geringerem Reifendruck, wenn Sie eine Tour im unwegsamen Gelände planen. Das erhöht die Traktion Ihrer Reifen. Bei einem Gewicht von 80 Kilogramm und einem Reifen mit 2,25 Zoll Breite, reichen 2,5 Bar abseits geteerter Wege.
Schauen Sie sich an, ob die Ventile Ihres Bikes gerade stehen. Es kann vorkommen, dass der Reifen auf langen Abfahrten auf der Felge wandert.
Dadurch wird das Ventil immer schräger, bis es abreißt. In diesem Fall sollten Sie die Luft aus Ihrem Reifen lassen und ihn so zurechtrücken, dass das Ventil wieder gerade steht.
Heben Sie jeweils ein Laufrad vom Boden an und beobachten Sie seinen Rundlauf. Sollte eines der Räder einen stärkeren Achter haben, könnte eine Speiche locker sein, die nachgezogen werden muss (s. S. 145 f.).
Stellen Sie sicher, dass die Schnellspanner von Sattelstütze und Laufrädern fest geschlossen sind. Schnellspanner sollten mit gewisser Handkraft angezogen werden, wegen Bruchgefahr jedoch nie zu fest. Die geschlossenen Schnellspanner sollten nach oben oder hinten zeigen.

Inspektion – Größerer Bike-Check in Abständen

Je nachdem, wie oft Sie mit Ihrem Bike auf Tour gehen, sollten Sie während der Saison auf Zusätzliches achten:

Federelemente

Kontrollieren Sie von Zeit zu Zeit den Druck Ihrer Luftfederelemente und regulieren Sie ihn gegebenenfalls nach (lesen Sie dazu auf S. 125).

Steuersatz

Der Steuersatz ist das Kugellager im Lenkrohr Ihres Bikes und ermöglicht, dass sich der Lenker drehen lässt. Auf ihn wirken Schläge sehr konzentriert und er kann mit der Zeit Spiel bekommen.
Um den Steuersatz zu testen, nehmen Sie das Bike zwischen die Beine. Ziehen Sie mit einer Hand die Vorderradbremse und umfassen Sie mit der anderen den Spalt zwischen Rahmen und Gabel. Nun bewegen Sie das Rad leicht vor und zurück. Wenn Sie eine ruckelnde Bewegung spüren, muss der Steuersatz eingestellt werden (s. S. 153).

Nabenlager, Tretlager und Hinterbaulager (bei Fullys)

Auch alle anderen Lager am Bike sollten hin und wieder auf Spiel untersucht werden. Stellen Sie sich seitlich neben Ihr Bike. Nehmen Sie ein Laufrad, die Kurbel oder den Hinterbau in eine Hand und den Hauptrahmen in die andere. Durch Gegeneinanderbewegen der jeweiligen Teile können Sie feststellen, ob eines der Lager Spiel hat.
Ein defektes Lager sollten Sie in einer Fahrradwerkstatt reparieren lassen.

Mountainbike-Werkstatt

In extremem Gelände muss die Technik am Bike funktionieren – und kann unter hohen Belastungen auch mal plötzlich kaputt gehen. Dann ist die nächste Straße oder Werkstatt meist weit entfernt. Biker müssen sich also bei den Standard-Pannen unbedingt selbst zu helfen wissen – bei gerissenen Speichen und platten Reifen, quietschenden oder heruntergefahrenen Bremsen, verstellter Schaltung oder einer gerissenen Kette. Einige Reparaturen und Justagen werden genauso durchgeführt wie bei anderen Fahrradtypen, doch natürlich gibt es auch bei Mountainbikes einige Besonderheiten.

BELL
NOBBY NIC

1. Reifenpanne

Reifentypen

All-Mountain-Reifen

Downhillreifen

Wettkampfreifen

Spikes

Schlauch-/Reifenmontage

Ein Platter ist der häufigste Defekt auf Tour und mit Abstand am leichtesten zu beheben. Damit Sie nicht erst anfangen müssen, den defekten Schlauch zu flicken, nehmen Sie lieber ein paar Ersatzschläuche mit und flicken Sie die kaputten dann in Ruhe zu Hause.
Wie das geht, können Sie im Kapitel »City-/Trekkingbike-Werkstatt« auf S. 48 nachlesen.

Platter beim Schlauchlosreifen

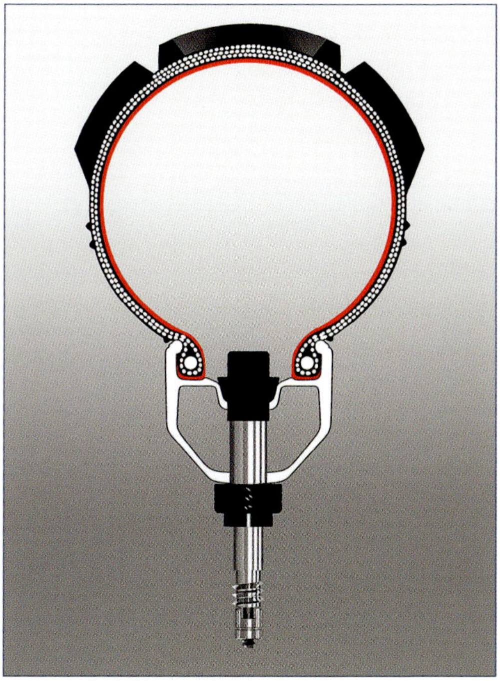

Nehmen Sie stets einen Ersatzschlauch mit, auch wenn Sie Schlauchlosreifen an Ihrem Bike haben. Trotz seiner erhöhten Stabilität kann auch dem Schlauchlosreifen mal die Luft ausgehen.
Üben Sie diese Handgriffe unbedingt vorher zu Hause, da Schlauchlosreifen in der Regel extrem fest auf der Felge sitzen.

- Die Tubelessfelge hat auf der Innenseite eine Vertiefung, in der der Reifen aufliegt. Damit Sie die Chance haben, den Reifen mit Ihrem Reifenheber von der Felge zu hebeln, müssen Sie ihn auf einer Seite erst einmal rundherum aus dieser Nut lösen.
- Wenn Sie den Reifen von der Felge gehebelt haben, müssen Sie das Tubelessventil entfernen. Danach setzen Sie den Ersatzschlauch ein.
- Pumpen Sie den Schlauch leicht auf, bevor Sie den Reifen wieder auf die Felge heben. Achten Sie darauf, dass sich der Schlauch nicht zwischen Reifen und Felge klemmt.
- Versuchen Sie nun, den Reifen wieder auf die Felge zu heben – möglichst ohne Reifenheber. Die Gefahr den Schlauch mit dem Reifenheber zu beschädigen, ist sehr groß.
  Sollte es Ihnen nicht gelingen, den Reifen ohne Reifenheber auf die Felge zu heben, setzen Sie die Reifenheber äußerst vorsichtig ein, um den Schlauch nicht einzuklemmen.

Luftdruck

Mountainbikereifen sind in den letzten Jahren deutlich breiter geworden.
2,25 Zoll Breite ist heutzutage die Standardgröße, 2,4+ Zoll ebenfalls normal und selbst 2,5 Zoll ist keine Seltenheit mehr.
Je breiter der Reifen ist, desto weniger Luftdruck benötigt er, ohne dabei ein erhöhtes Risiko von Pannen in Kauf zu nehmen.
Weniger Luft bedeutet mehr Traktion, also mehr Kontrolle des Bikes im Gelände.
Machen Sie sich keine Sorgen:
Der Rollwiderstand wird nicht durch die Breite des Reifens beeinflusst!
Auch der Luftdruck spielt eine untergeordnete Rolle. Viel entscheidender sind das Profil und vor allem die Gummimischung des Reifens, die die Hersteller in den letzten Jahren extrem verbessert haben.
So rollt ein 2,4-Zoll-Reifen heute erstaunlich leicht auf Asphalt. Früher wäre dieser ausschließlich der Downhillfraktion vorbehalten gewesen.
Nutzen Sie die hohe Leistungsfähigkeit Ihres Reifens, indem Sie ihn nicht zu hart aufpumpen, und Sie werden ungeahnte Traktionsreserven auf Schotter erleben.
Und um die nötige Pannenstabilität zu bekommen, sollten Sie möglichst auf leichte Schläuche verzichten und lieber zu den Standardschläuchen greifen. Sie sind weniger durchschlagsanfällig.
Eine genaue Druckempfehlung für Reifen gibt es im Mountainbikebereich nicht. Hierfür spielen zu viele Faktoren eine Rolle, wie Untergrund, Fully oder Hardtail, Fahrstil, Reifenbreite und -typ.
Verallgemeinernd kann man sagen: Bei einem Mann mit 85 Kilogramm Systemgewicht (Körpergewicht plus Ausrüstung), einem 2,25-Zoll-Reifen mit normalen Schläuchen reichen 2,5 Bar Reifendruck aus, um sicher im Gelände unterwegs zu sein.

Reifendruck bei Schlauchlosreifen

Der Vorteil von Schlauchlosreifen ist unter anderem, dass man sie mit weniger Druck fahren kann, ohne dadurch Nachteile bei Rollwiderstand und Pannenstabilität zu haben. Gleichzeitig erhält man deutlich mehr Traktion und Sicherheit im Gelände.
Probieren Sie auf Tour einfach aus, welcher Druck Ihrem Fahrstil am ehesten liegt. Keine Angst, Sie können kaum zu wenig Druck haben. Im Vergleich zu Reifen mit Schläuchen können Sie Schlauchlosreifen mit zirka 0,5 Bar Druck weniger fahren.

Achter

Achter erkennen

Ein leichter Achter ist nur selten ein Defekt, der sofort behoben werden muss. Kritisch wird es erst, wenn Sie Felgenbremsen an Ihrem Bike haben und die Felge bei jeder Umdrehung an den Bremsbelägen schleift. Ob Ihr Laufrad professionell zentriert werden muss, finden Sie heraus, indem Sie die Speichenspannung prüfen. Das ist selbst für einen Laien gut machbar. Stellen Sie das Bike dazu auf den Kopf und drücken einmal rund um die Laufräder jeweils zwei Speichen gegeneinander.

Die Speichen dürfen sich leicht hin und her biegen lassen. Sie sollten jedoch eine ausreichende gleichmäßige Spannung haben. Zur Erklärung: Jede Speiche ist am Nabenkörper im Nabenflansch eingehängt und wird von oben durch einen Speichennippel zur Felge hingezogen und gespannt. Wenn Sie die Speiche spannen wollen, müssen Sie den Nippel weiter zuschrauben. Greifen Sie dazu den viereckigen Speichennippel unmittelbar an der Felge mit dem Speichenschlüssel. Drehen Sie diesen im Uhrzeigersinn.

Beginnen Sie beim Zentrieren immer in sehr kleinen Schritten: zuerst nur eine viertel oder maximal eine halbe Umdrehung. Wollen Sie die Speiche lockern, drehen Sie den Nippel gegen den Uhrzeigersinn.

Tipp

Nicht jeder vermeindliche Achter ist auch ein richtiger Achter. Oft sitzt der Reifen in diesem Fall nicht richtig auf der Felge. Bei der Verarbeitung von Reifen gibt es größere Fertigungstoleranzen als bei Felgen die für unrundes Laufen verantwortlich sein können. Um dies herauszufinden stellen Sie Ihr Bike auf den Kopf und drehen Sie das fragliche Laufrad. Kontrollieren Sie die Felge auf Ihren Geradeauslauf, indem Sie den Finger von der Seite leicht an die Felge halten.

Achtung

Beim Zentrieren kann man viel falsch machen, wenn einem die Übung fehlt. Dringend benötigen Sie das geeignete Werkzeug und einen präzisen Zentrierständer. Im Zweifel lassen Sie dies bei einer Fahrradfachwerkstatt machen.

Achter auf Tour

Ein Achter auf Tour wird erst dann zum Problem wenn der Reifen so stark an Bremsbelägen, Gabel oder Rahmen schleift, dass Sie nicht mehr weiterfahren können. In diesem Fall sollten Sie versuchen, ihn noch während der Tour zu beheben.
Dafür benötigen Sie den passenden Speichenschlüssel (s. Kapitel »Werkzeug« auf S. 135).
Stellen Sie Ihr Fahrrad auf den Kopf und bewegen Sie das entsprechende Laufrad an die schleifende Stelle. Nehmen Sie sich nun die Speichen der entgegengesetzten Seite vor, an der das Rad schleift.
Gehen Sie dabei äußerst behutsam vor. Ziehen Sie nur die Speichen an, die im Schleifbereich liegen – eine viertel bis halbe Umdrehung. Sollte das nicht ausreichen, lockern Sie vorsichtig die Speichen auf derselben Seite, auf der der Reifen schleift.
Spannen bzw. lockern Sie die Speichen so lange, bis sich der Reifen wieder frei drehen kann. Die weiteren Schritte sollten dann erst nach der Tour mittels Spezialwerkzeug erfolgen.

Speichenriss

Da die meisten Mountainbikelaufräder mit genügend Speichen ausgestattet sind (normalerweise zwischen 28 und 36), ist ein Speichenriss zu verkraften. Eine gerissene Speiche kann in der Regel gut ausgeglichen werden.
Reißt Ihnen unterwegs eine Speiche, biegen oder tapen Sie diese am besten um eine benachbarte Speiche herum, damit sie beim Fahren nicht lose herumhängt.
Wenn sich dadurch ein Achter gebildet hat, gehen Sie wie oben beschrieben vor.
Natürlich sollte ein Speichenriss baldmöglichst behoben werden.

Notspeichen

> **Achtung ⚠**
> Es ist wenig sinnvoll, richtige Speichen auf Tour mitzunehmen, da in den Laufrädern meist zwei bis drei verschiedene Speichenlängen verbaut sind, die Sie auch mit dabeihaben müssten. Zudem bräuchten Sie für das Hinterrad zusätzliches Spezialwerkzeug, um den Zahnkranz abzuziehen. Anders kann man normale Speichen nicht einfädeln. Außerdem müssten Sie die Bremsscheiben abschrauben. Alles ein zu großer Aufwand ...

Wenn Sie zum Beispiel bei einer Mehrtagestour keine Möglichkeit haben, eine Werkstatt anzufahren, sollten Sie Notspeichen im Gepäck haben.
Diese sind flexibel, ähnlich einem Schaltzug. Sie haben ein sehr langes Gewinde und passen dadurch auf viele Laufradtypen.
Am unteren Ende haben sie einen Haken, mit dem sie in der Nabe eingehängt werden können.

Allerdings muss die Notspeiche mit einem Seitenschneider auf die nötige Länge zurechtgeschnitten werden. Machen Sie sich daher mit der Handhabung von Notspeichen vor der Tour vertraut.

Tipp

Kontrollieren Sie einige Hundert Kilometer nach dem Neu-Einspeichen die Laufräder und lassen Sie diese dann gegebenenfalls im Fachhandel nachzentrieren.

Schnelle Tricks bei Schäden am Laufrad

Bitte nur machen, wenn eine Weiterfahrt nicht mehr möglich ist. Die Gefahr eines Felgenbruchs ist zu groß.

1 Bauen Sie das Laufrad aus.

2 Fixieren Sie die Felge rechts und links mit Steinen, Holz oder Bordsteinkante, so dass die Nabenachse nicht auf dem Boden aufliegt.

3 Treten Sie nun mit dem Fuß kräftig, aber mit Gefühl, auf die Stelle mit der größten Abweichung.

4 Bauen Sie das Laufrad wieder ein.

5 Drehen Sie die Speichen mit dem Nippelspanner nach, bis das Laufrad zumindest nicht mehr an Gabel oder Hinterbaustreben schleift.

6 Öffnen Sie zur Not die Felgenbremse oder entfernen Sie diese ganz.

7 Fahren Sie vorsichtig zum nächsten Fahrradfachhandel und lassen Sie die Felge austauschen.

2. Bremsen

Bremsentypen

Scheibenbremsen stellen augenblicklich das ausgereifteste und modernste Bremssystem dar. Sie bieten sowohl bei nassen als auch bei trockenen Bedingungen die höchste Bremsleistung. Zum Belagwechsel von Felgen- und sonstigen Bremsen lesen Sie im Kapitel »City-/Trekkingbike« auf S. 46/51.

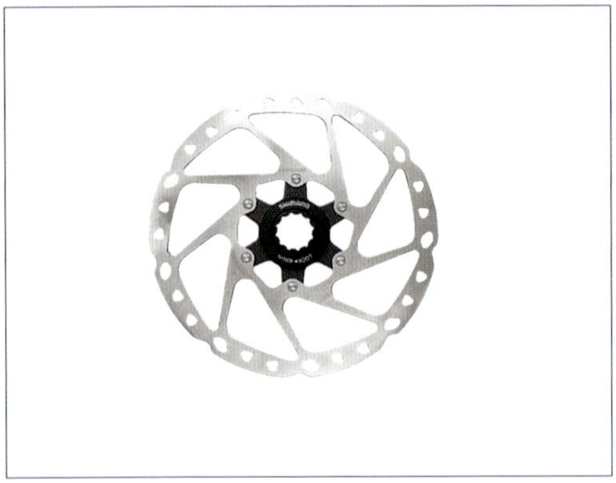

Bremsscheibe

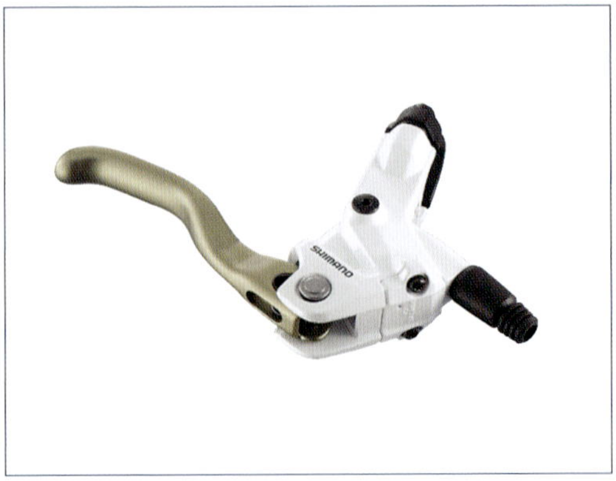

Bremshebel

Bremssattel

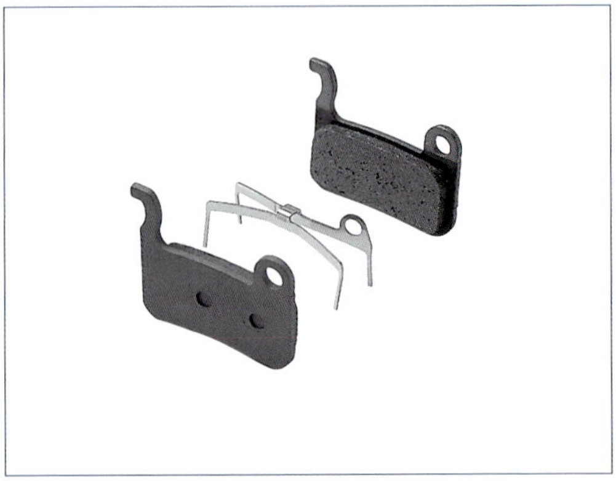

Bremsbeläge

Wann ist ein Belagwechsel bei Scheibenbremsen fällig?

Ob Scheibenbremsbeläge noch ausreichen oder ob sie getauscht werden müssen, merkt man auf unterschiedliche Weise.
Vor jeder Fahrt sollten Sie ihren Zustand prüfen. Bauen Sie dazu das entsprechende Laufrad aus.
Schauen Sie nun in den Spalt, in dem sonst die Bremsscheibe läuft. Hier sollten die Trägerplatten mit einer deutlich erhöhten Schicht Belagmaterial bedeckt sein. Eine kleine Taschenlampe kann hierfür hilfreich sein. Sollte das Belagmaterial fast vollständig abgebremst oder sogar nur noch blankes Metall sichtbar sein, müssen Sie die Beläge dringend austauschen. Orientieren Sie sich bei der Beurteilung der Belagdicke an den neuen Belägen.
Ein weiteres Anzeichen für verschlissene Beläge ist der deutliche Verlust des Druckpunkts an Ihrem Bremshebel. Auch lautes metallisches Quietschen kann einen nötigen Belagwechsel ankündigen.

Bremsbeläge tauschen

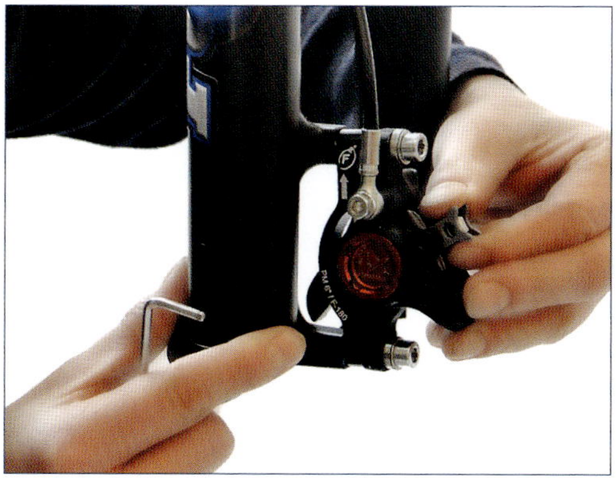

Der Belagwechsel bei Scheibenbremsen ist relativ einfach.
Probieren Sie ihn jedoch unbedingt in Ruhe zu Hause aus, damit Sie ein Gespür dafür bekommen, wie die alten Beläge Ihrer Bremse ausgebaut und neue eingesetzt werden. Außerdem können Sie feststellen, welches Werkzeug Sie eventuell als Hilfsmittel benötigen.
Da die Bremsbeläge oft sehr fest im Bremssattel fixiert sind, erfordert es ordentlich Handkraft, um sie herauszuziehen. Verwenden Sie gegebenenfalls eine Zange dazu. Beim Ausbau können Sie nichts

falsch machen. Trauen Sie sich ruhig mit etwas mehr Kraft an den Belägen zu ziehen. Die Bedienungsanleitung Ihres Rads informiert Sie darüber, wie die Beläge Ihrer Bremse ausgebaut werden, da es verschiedene Systeme gibt. Hier steht auch, ob Sie vorher zusätzlich eine Sicherungsklammer entfernen müssen und wie das zu tun ist.

Gut zu wissen:
Moderne Scheibenbremsen regulieren den Belagverschleiß automatisch nach.

Daher müssen Sie die Kolben Ihrer Bremse zurückdrücken, bevor Sie neue Beläge einbauen können. Am besten funktioniert das, indem Sie die alten Beläge in eingebautem Zustand mit einem Schraubenzieher so weit wie möglich zurückdrücken. Da diese sowieso bereits verschlissen sind, schadet es nicht, wenn sie zusätzlich verkratzt werden.

Die Scheibe macht leichte Schleifgeräusche. Das Laufrad dreht sich, ohne sichtbar verzögert zu werden.

Wenn das Schleifen ein rhythmisches Geräusch verursacht, ist Ihre Scheibe leicht verbogen. Keine Sorge, das passiert bei fast allen Scheiben irgendwann und kann unterschiedliche Ursachen haben.
Schleift die Scheibe dauerhaft leicht, sollten Sie das am besten erst mal so akzeptieren und die Bremsbeläge einbremsen. Meist verschwindet das Schleifgeräusch bereits nach den ersten stärkeren Bremsmanövern.
Generell kann man sagen, dass leichte Schleifgeräusche kein technisches Problem darstellen und oft von selbst wieder verschwinden.

Die Scheibe schleift so stark, dass das Laufrad sichtbar verzögert wird.

Das Laufrad könnte schief eingebaut worden sein. Öffnen Sie den Schnellspanner und achten Sie darauf, dass beide Achsenden bündig in den Ausfallenden von Gabel und Rahmen liegen. Dann schließen Sie den Schnellspanner wieder.
Es könnte nötig sein, die Bremsflüssigkeit Ihrer Bremse auszutauschen. Alle großen Hersteller von Bremsen (außer Shimano und Magura) arbeiten mit einer Bremsflüssigkeit wie bei Autos und Motorrädern. Da diese Flüssigkeit stark hygroskopisch (wasseranziehend) ist, sollten Sie die Bremsflüssigkeit alle ein bis zwei Jahre austauschen. Dabei spielt es keine Rolle, ob Sie Ihr Bike besonders häufig Feuchtigkeit und Nässe aussetzen oder nicht. Geschieht dies nicht, erhöht sich das Flüssigkeitsvolumen in der Bremsleitung durch das zusätzliche Wasser so stark, dass die Bremskolben nicht mehr weit genug zurückgestellt werden können.
Die Bremse beginnt zu schleifen.
Den Wechsel der Bremsflüssigkeit sollten Sie in Ihrer Fahrradwerkstatt durchführen lassen.

Die Bremse quietscht.

Quietschen kann bei Scheibenbremsen verschiedene Ursachen haben. Wird Ihre Bremse bei Regen nass, quietscht sie. Das ist ganz normal. Auch nach längeren Abfahrten, wenn die Bremse sehr heiß wird, kann sie quietschen. In diesem Fall sollten Sie die Scheibe unbedingt langsam abkühlen lassen. Helfen Sie niemals mit Wasser nach!
Wenn Sie neue Beläge eingebaut haben, sollten Sie diese einbremsen. Tun Sie das nicht, besteht die Gefahr, dass die Beläge auf der ersten Abfahrt durch die große Hitze verglasen und stark zu quietschen beginnen.
Zum Einbremsen (auch bei neu gekauften Bikes) beschleunigen Sie am besten auf eine hohe Geschwindigkeit und bremsen dann satt auf null herunter, lassen Sie die Bremse kurz abkühlen und wiederholen das Ganze 20 bis 30 Mal.
Ihre Bremse beginnt auch zu quietschen, wenn ölige Stoffe auf die Scheibe gelangen. Vermeiden Sie daher den Gebrauch von Kettensprays. Die Gefahr, dass etwas von dem Öl auf die Scheibe gelangt, ist zu groß.
Bremsbeläge mit ihrer porösen Struktur saugen jede ölige Substanz vollkommen auf und sind daher nicht mehr zu gebrauchen. Sie müssen gewechselt werden.

Tipp

Scheibenbremsen können systembedingt unterschiedliche Geräusche machen. Macht Ihr Rad über einen längeren Zeitraum starke Geräusche, sollten Sie es in die Werkstatt bringen. Aufgrund ihrer filigranen Mechanik und hoher Schmutzbelastung sollte eine Scheibenbremse hin und wieder gewartet werden.

3. Schaltung

Zum Thema Schaltung einstellen lesen Sie bitte im Kapitel »City-/Trekkingbike-Werkstatt« auf S. 52 ff.

Besondere Schaltungstypen

SRAM

Die Firma SRAM ist der zweitgrößte Schaltungshersteller im Mountainbikebereich. SRAM- und Shimano-Schaltungen sind sich beim Einstellen sehr ähnlich. Der einzige Unterschied ist, dass die Anschlagsschrauben für den inneren und äußeren Anschlag am Schaltwerk bei SRAM nebeneinander liegen. Merke: Die innere Schraube ist für den inneren Anschlag und die äußere für den äußeren Anschlag.

Shimano Inverse

Vor einigen Jahren brachte Shimano die Inverse-Schaltung auf den Markt.
Diese Schaltwerke schalten genau entgegen der Schaltrichtung aller anderen bekannten Schaltungen. Durchgesetzt hat sich diese Idee allerdings nicht. Immer mal wieder findet man noch Biker, die Anhänger dieser Technik sind.
Bei einem Inverse-Schaltwerk müssen Sie lediglich darauf achten, die Zugspannung des Schaltzugs entgegengesetzt zu einem normalen Schaltwerk einzustellen. Rutscht die Kette also zu leicht auf einen kleineren Gang, sprich auf ein größeres Ritzel, müssen Sie den Zug stärker spannen und entsprechend umgekehrt, wenn die Kette zu leicht auf ein kleineres Ritzel fällt.
Bei einem Inverse-Schaltwerk ist der Schaltzug auf einem kleinen Winkel aufgeschraubt. Hier entsteht der häufigste Defekt beim Inverse-Schaltwerk. Nach einem Sturz kann sich dieser Winkel nach innen

SRAM-Schaltwerk

Shimano-Schaltwerk

verbiegen und steht so dem Schaltwerk auf den kleinsten Ritzeln im Weg. Je nachdem wie stark der Winkel verbogen ist, können Sie die größten ein bis drei Gänge nicht mehr einlegen. In diesem Fall nützt es nichts, die Anschlagsschraube weiter aufzudrehen. Sie müssen das Schaltwerk tauschen.

Steuersatz

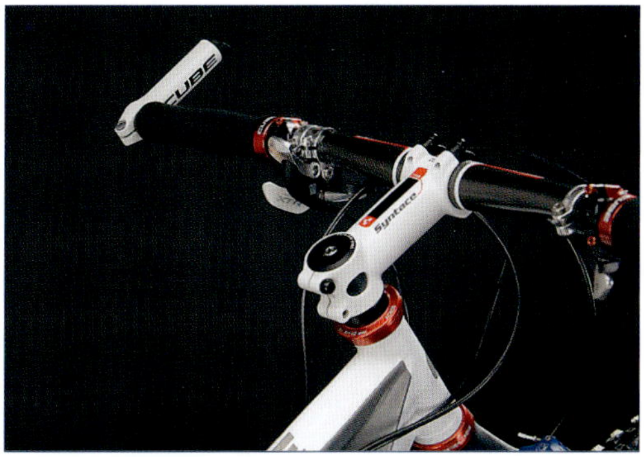

Achtung ⚠

Ein falsch eingestellter Steuersatz kann zu Stürzen führen. Daher darf die Steuersatzschraube nie zu fest angezogen werden.

Haben Sie zum Beispiel beim Sicherheitscheck festgestellt, dass der Steuersatz Ihres Bikes locker ist, sollten Sie diesen wieder richtig anziehen, damit das Lager nicht beschädigt wird.
Wenn Sie einen Ahead-Set-Steuersatz haben (Lenkkopflager), kann dieser mit einem 5er-, manchmal 4/6er- Inbus und etwas Gefühl einfach nachjustiert werden. Prüfen Sie, ob er Spiel hat, indem Sie Daumen und Zeigefinger an die Lagerschale legen. Ziehen Sie die Vorderradbremse an und bewegen Sie das Rad nach vorn und hinten. Wenn Sie merken, dass der Steuersatz Spiel hat, lösen Sie die Vorbauklemmung und ziehen Sie die Schraube im oberen Deckel des Steuersatzes am Lenker (Steuersatzschraube) etwas nach. Befestigen Sie den Vorbau wieder und prüfen Sie, ob nun alles fest sitzt. Bei Bedarf wiederholen Sie den Vorgang.
Prüfen Sie nun, ob der Steuersatz zu fest sitzt, indem Sie das Vorderrad anheben und den Lenker hin und her schwingen. Lässt sich der Steuersatz schwer drehen oder rastet er an einer Stelle ein, sollten Sie ihn neu justieren. Lösen Sie die Vorbauschrauben und Deckelschraube am Steuersatz etwas. Montieren Sie die Vorbauschrauben mit Drehmoment nach den Vorgaben des Herstellers (aus Bedienungsanleitung ersichtlich).

4. Kette und Pedale

Ein Kettenriss ist nichts Ungewöhnliches bei stark belastenden Schaltmanövern.

Kette

Pedale

Kette reparieren

Um eine gerissene Kette zu reparieren, benötigen Sie einen Kettennieter und einen Ersatznietstift.

Mit dem alten Nietstift können Sie die Kette nicht wieder neu vernieten!

Üben Sie diesen Handgriff in Ruhe zu Hause, bevor Sie unerwartet auf Tour damit konfrontiert werden. Meist ist das Kettenglied, an dem die Kette gerissen ist, verbogen und nicht mehr zu gebrauchen. Kürzen Sie die Kette zunächst um das beschädigte Kettenglied.

Führen Sie die beiden Kettenenden zusammen und stecken den Nietstift hindurch, sodass die Kette erst einmal locker zusammengehalten wird.

Nun setzen Sie den Kettennieter an und drücken den Nietstift so weit hinein, dass er merklich in eine bündige Position einrastet.

Das neu vernietete Kettenglied muss sich widerstandsfrei bewegen lassen. Nehmen Sie die Kette in beide Hände und bewegen Sie sie quer ein paar Mal hin und her.
In der Regel rastet der neue Nietstift dadurch vollends ein.

Brechen Sie zuletzt den überstehenden Teil des Nietstifts mit dem äußeren Ende Ihres Kettennieters ab.

Wann brauche ich eine neue Kette?

Fahrradketten sind Verschleißteile wie Bremsbeläge oder Reifen.
Zum Verschleiß einer Kette tragen so viele Ursachen bei, dass man keine Kilometerzahl definieren kann, wann eine Kette getauscht werden sollte.
Eine verschlissene, ausgeleierte Kette schleift zuerst die Ritzel hinten und später auch die Kettenblätter vorne auf ihre neue Länge zurecht.
Wenn Sie nun eine neue Kette einbauen wollen, wird diese aufgrund ihrer engeren Kettenglieder nicht mehr auf die Ritzel passen. Infolgedessen rutscht die Kette unter Belastung durch.
Sie können den kostenaufwendigen Tausch von Ritzeln und Kettenblättern verhindern, indem Sie die Kette regelmäßig messen und bei Bedarf sofort austauschen. Hierfür gibt es spezielle Kettenlehren, z. B. von den Firmen Park Tool oder Rohloff.

Neue Kette einbauen

Tipp

Prüfen Sie, ob Ihr Rad Alu- oder Stahlritzel hat. Sollte es Aluritzel haben, müssen Sie Ihre Kette häufiger tauschen. Die herkömmlichen Kettenlehren haben für beide Ritzel unterschiedliche Messeinheiten.

Wenn Sie eine neue Kette einbauen, müssen Sie zuerst die passende Länge ermitteln. Schalten Sie dazu hinten auf das größte Ritzel und vorne auf das größte Kettenblatt. Legen Sie nun die neue Kette in dieser diagonalen Position auf und spannen Sie sie so stark, dass das Schaltwerk in einem Winkel von ungefähr 30° zur Kettenstrebe steht.
Nun vernieten Sie die Kette wie oben beschrieben.

Pedale

Klickpedale

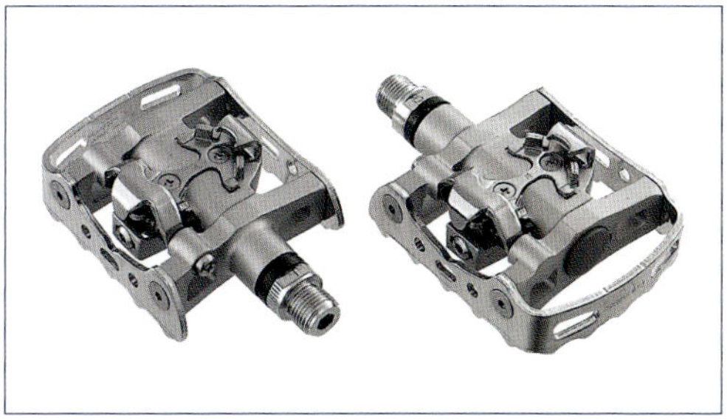

Tipp

Wenn Sie Neueinsteiger sind, üben Sie den Umgang mit Klickpedalen am besten auf einer Wiese. Sollten Sie ungewollt absteigen oder stürzen, tut es auf einer Wiese weniger weh.

Klickpedale haben sich im Mountainbikesport weitestgehend durchgesetzt.
Sie tragen erheblich dazu bei, dass Sie Ihr Bike kräfteschonend über weite Strecken und Höhenunterschiede fortbewegen können. Im Falle eines Sturzes oder beim Absteigen ist es anfangs reine Gewöhnungssache und später nur noch ein Reflex, sich schnell aus den Klickpedalen zu befreien.
Für alle, die sich unsicher über die Anschaffung von Klickpedalen sind, bietet der Markt Kombipedale an. Das sind Pedale, die auf einer Seite den Klickmechanismus und auf der anderen eine Trittfläche für normale Schuhe haben. Damit können Sie in den Genuss des effektiven Tritts bergauf kommen und ausgeklickt bergab fahren.

Pedaleinstellung

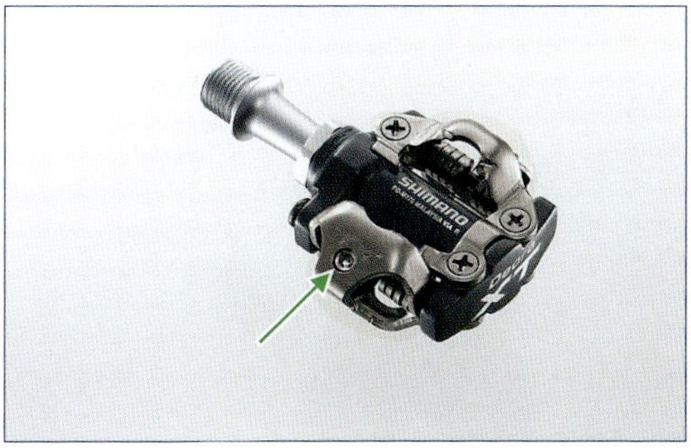

Die meisten Klickpedale lassen sich in ihrer Auslösehärte einstellen. Sie besitzen am Pedalrand eine Inbusschraube mit einem 2,5- oder 3-Millimeter-Kopf.
Eine möglichst geringe Auslösehärte hilft Ihnen, das Ein- und Ausklicken zu üben. In den meisten Fällen verringern Sie die Auslösehärte, indem Sie diese Schraube gegen den Uhrzeigersinn drehen.
Achtung: Bei manchen Pedalen ist dies auch anders. Lesen Sie dazu die Bedienungsanleitung.

Schuhe

Tourenschuh

Rennschuh

Damenschuh

Winterschuh

Um mit Klickpedalen zu fahren, benötigen Sie spezielle Schuhe. Diese haben Gewinde in die Sohlen integriert, in die die Pedalhacken (Cleats) eingeschraubt werden. Außerdem besitzen sie eine sehr steife Sohle zur optimalen Kraftübertragung.

Im Mountainbikesport gibt es zwei verschiedene Arten von Schuhen: die normalen Tourenschuhe und Rennschuhe.

Die Tourenschuhe sehen je nach Ausführung aus wie ein leichter Freizeitschuh bzw. fester Bergschuh. Sie haben meist eine breite, etwas flexiblere Sohle mit ausreichend Profil, das sich auch gut für Schiebepassagen eignet und einen gewissen Komfort beim Laufen bietet.

Die rennsportlich orientierten Mountainbikeschuhe sind optisch und technisch eher mit Rennradschuhen vergleichbar. Sie haben allerdings weniger Profil auf der schmalen Sohle und sind deutlich leichter als die Tourenschuhe. Mit ihrer harten Sohle haben Sie eine optimale Kraftübertragung auf das Pedal. Jedoch sind sie weniger empfehlenswert für den Einsatz im Gebirge, da sie keine Trittsicherheit im unwegsamen Gelände gewährleisten.

Montage der Cleats am Schuh

Zu den Klickpedalen wird immer ein Paar der passenden Pedalhaken (Cleats) für die Schuhe mitgeliefert. Da es sich bei diesen um Verschleißteile handelt, gibt es sie auch als Ersatzteile nachzukaufen.

Um für jeden Fahrer die passende Einstellung zu finden, können die Cleats in verschiedenen Positionen an den Schuh montiert werden. So lassen sie sich vor, zurück und von links nach rechts verschieben sowie in verschiedenen Winkeln montieren.

Im eingerasteten Zustand sollten Ihre Füße auf den Pedalen die Stellung einnehmen, die Ihrem natürlichen Stand entspricht (s. auch S. 104).

Das Pedal sollte am Fußballen sitzen und die Fersen sollten einen gewissen Abstand zum Rahmen haben. Sie sollten das Bike nicht berühren.

Nehmen Sie sich Zeit, um die Cleats korrekt einzustellen.

Es ist normal, die Schrauben am Anfang wieder einige Male zu lösen, um ein Cleat neu einzustellen.

Es ist sehr wichtig, dass Sie nicht in einer unnatürlichen Position pedalieren, da Sie recht schnell Probleme mit Ihren (Knie-)Gelenken bekommen können.

Tipp

Montieren Sie Ihre Cleats immer mit ein wenig Fett auf den Schrauben! An die Fußsohle gelangt oft Feuchtigkeit und lässt die Schraubengewinde rasch rosten, sodass Sie sich nicht mehr aufdrehen lassen. Ziehen Sie die gefetteten Schrauben immer mal wieder fest, da sie sich durch die häufige Querbewegung Ihres Fußes lösen können.

5. Zubehör

Beleuchtung

Achtung ⚠
Batteriebetriebene Lichter dürfen im Straßenverkehr nicht blinken.

Mountainbikes sind Sportgeräte, lassen sich aber notfalls auch im Alltag einsetzen. Um mit einem Fahrrad im Straßenverkehr unterwegs zu sein, muss es über eine gesetzlich festgelegte Ausstattung (laut StVZO) verfügen (lesen Sie hierzu auch im »City-/Trekkingbike-Werstatt«-Kapitel S. 63).
Generell sind Batterielichter nur für Räder mit einem Gewicht von bis zu 11 Kilogramm zulässig. Bevor Sie jedoch mit Ihrem unbeleuchteten Mountainbike in der Dunkelheit im Verkehr unterwegs sind, montieren Sie auf jeden Fall ein Batterieansteckset. Es muss vorne weiß und hinten rot leuchten und gut sichtbar angebracht sein.
In den letzten Jahren wurden die Halogenbirnen immer mehr von Diodenlichtern abgelöst. Sie haben eine zehnmal längere Brenndauer und eine nachlassende Batteriekapazität kündigt sich bei ihnen langsamer an als bei Halogenlichtern. So haben Sie die Chance, noch mit ausreichender Beleuchtung nach Hause zu kommen.

Tipps für alle Räder

Ein Rad ist ein Rad ist ein Rad ... Auf mehr als 150 Seiten haben wir nun erfahren, dass das NICHT so ist, weil jeder Fahrradtyp seine Besonderheiten hat. Einige Themen sind aber dennoch für alle Radsportler gleichermaßen interessant und wegen gleicher Bauteile auf alle Radtypen anwendbar: Radpflege und -verpackung für die Reise etwa, die richtige Reinigung von Trinksystemen und – ganz wichtig: Erste-Hilfe-Maßnahmen für unterwegs, für das Bike ebenso wie für den Biker selbst. Dazu finden Sie hier außerdem Tipps für nützliches Zubehör wie Fahrradanhänger, Satteltaschen und GPS-Geräte.

Radpflege

Radpflegeset

Regelmäßiges Reinigen Ihres Fahrrads ist wichtig für:

- einwandfreies Funktionieren der beweglichen Teile,
- die Kontrolle auf Unregelmäßigkeiten wie rissige Reifen und abgeplatzten Lack, der Haarrisse im Rahmen verbergen kann,
- ein ordentliches Erscheinungsbild.

Putzen Sie Ihr Rad mit so wenig Wasser wie möglich. Wasser spült das Fett aus den Lagern und Ihr Bike fängt an zu knacken.

> **Achtung** ⚠
> Verwenden Sie keinen Hochdruckreiniger!

Zur Radpflege benötigen Sie:

- Eimer
- Schwamm
- Lappen
- alte Zahnbürste
- Tuch (altes Laken, T-Shirt etc.)
- Schraubenzieher
- Spülmittel (nur wenn das Rad sehr schmutzig ist, da es entfettend wirkt)
- Kriechöl (z. B. BRUNOX oder WD40)
- Kettenöl
- Fett

Teure Pflegeprodukte sind hilfreich, aber nicht unbedingt notwendig.

Richtig putzen

1

Am besten nimmt man einen Eimer mit etwas Spülmittel. Ein feuchter Lappen reicht aus, um das Bike sauber zu bekommen. Das komplette Rad kann damit gereinigt werden.

Bei schwer zugänglichen Stellen versuchen Sie einen Lappen durchzuziehen.

> **Tipp** 👍
> Ist das Rad nur leicht verschmutzt, genügt ein Lappen mit Putzöl (z. B. von Frilax).

Oder umwickeln Sie einen Schraubenzieher mit einem Lappen.

Die Sattelstütze herausziehen und reinigen, ebenso das Rohr.

Mit einem anderen Lappen die Kette umschließen und rückwärts treten (bei einer Rücktrittsbremse müssen Sie das Hinterrad vom Boden abheben). Danach wieder mit Kettenöl einschmieren.

Mit einem stramm gezogenen, evtl. doppelt zusammengefalteten Lappen lassen sich die Zwischenräume der Ritzel gut reinigen.

An den kleinen Rädchen am Schaltwerk sammelt sich gerne Dreck. Um die Rädchen zu reinigen, umschließen Sie diese mit einem Lappen und drehen die Pedale rückwärts.

Ist das Rad sauber und knackt weiterhin, sprühen Sie die betroffenen Stellen mit einem Kriechöl ein. Es kann aber auch sein, dass Schrauben oder einzelne Teile nicht fest genug angezogen sind. Im Zweifel sollten Sie einen Fahrradfachhandel aufsuchen.

Besitzt Ihr Fahrrad einen Dämpfer oder eine Federgabel, ist es ratsam, diese in regelmäßigen Abständen mit einem Kriechöl (am besten Federgabel-Deo von BRUNOX) zu versehen. Dabei einfach einen Spritzer Öl auf den Dämpfer und die Federgabel spritzen und danach den Dämpfer oder in die Federgabel zwei-, dreimal hineinpumpen, sodass sich das Öl verteilt.

Tipp

Nach der Reinigung einen schön glänzenden Rahmen zu haben ist eher zweitrangig. Achten Sie in erster Linie darauf, alle beweglichen Teile Ihres Bikes sauber zu halten und gut zu schmieren.

Achten Sie beim Ölen penibel darauf, dass kein Öl auf Bremsen, Bremsscheiben, Bremsbeläge oder Felgen gelangt.

Tipp

Um und besonders unter den Flaschenhaltern kann sich beim Rad viel hartnäckiger und klebriger Schmutz durch die Isogetränke und Saftschorlen ansammeln. Hier sollten Sie den Schmutz mit heißem Wasser und Spülmittel vorab einweichen und am Ende der Grobreinigung abwaschen.

Wenn Sie wenig Zeit und Lust haben, Ihr Rad zu putzen, so reicht die 5-Punkte-Schnellversion nach jeder Ausfahrt, um beim nächsten Start eine glänzende Maschine vorzufinden. Nötig sind nur zwei weiche Lappen und ein Kettenöl.

- Kette mit öligem Lappen reinigen (s. o.).
- Kassette und Kettenblätter mit öligem Lappen reinigen (s. o.).
- Bremskörper mit weichem Lappen abwischen.
- Felgen mit sauberem Lappen abwischen.
- Kette neu ölen.

Fahrrad im Flugzeug

Wenn Sie mit Ihrem Rad ins Trainingslager oder in den Urlaub fliegen möchten, sollten Sie es sicher verpacken. Besonders Schaltwerk, Scheibenbremsen und Laufräder können schweren Schaden nehmen, wenn sie beim Laden unsanft herumgeworfen werden und nicht weich gepolstert sind.

Radreisetaschen

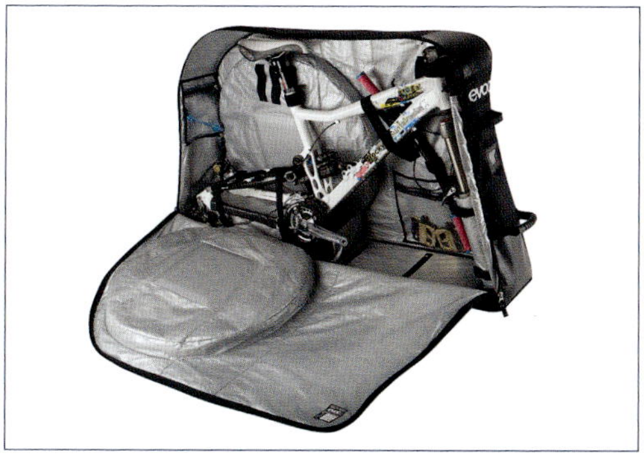

Diese großen Taschen gibt es als Trage- oder Rolltaschen. Sie haben meist einen festen Boden, auf dem Sie Ihr Fahrrad fixieren können. Je nach Ausführung bieten sie nur mäßigen Schutz vor Stößen und Schlägen von außen. Einen relativ guten Schutz gibt es zum Beispiel mit dem EVOC Travelbag. Leichtere Radreisetaschen sind eher für den Transport mit Auto oder Bahn geeignet.

Hartschalenkoffer

Die optimale Lösung für Flugreisen mit dem Fahrrad sind große Hartschalenkoffer mit Rollen. Sie werden von verschiedenen Herstellern in sämtlichen Preiskategorien angeboten. In der Regel sind sie mit nützlichen Ausstattungsdetails wie Fixierungsgurten, Laufradtaschen, Schaumstoffverkleidung und Kofferschlössern ausgestat- tet. Achten Sie bei den Koffern auf gute Verarbeitung und Qualität. Vor allem die Scharniere können leicht verschleißen und sollten stabil verarbeitet sein. Auch zu kleine Rollen aus Hartplastik können leicht kaputtgehen und sind darüber hinaus meist sehr schwer manövrierbar.

Achtung ⚠

Viele Radkoffer auf dem Markt sind in ihrer Größe eher für Rennräder geeignet als für Mountainbikes. Besonders Endurobikes mit ihrer langer Federgabel, dicken Laufrädern und breitem Hinterbau kommen beim Verpacken hier an ihre Grenzen.

Fahrradkartons

Die günstigste Alternative bieten einfache Fahrradkartons, in denen Fahrräder an Händler geliefert werden.

Tipp

Es ist sinnvoll, sich vorher einen Radkarton im Fahrradfachhandel reservieren zu lassen, da diese aus Platzgründen schnell fürs Altpapier klein gestampft werden.

Lassen Sie sich bei dieser Gelegenheit auch gleich das Verpackungsmaterial mitgeben, mit dem das Rad beim Versand verpackt war. Sie können dieses Material gut für Ihr eigenes Rad gebrauchen. Lassen Sie sich vielleicht sogar einen zweiten Karton mitgeben, mit dessen Teilen Sie die Seitenwände Ihres Kartons verstärken können.

Verpacken

Wenn Sie mit einem Fahrradkarton verreisen, sollten Sie Ihr Rad sicher für die Reise verpacken.
In der Regel müssen beide Laufräder und der Sattel herausgenommen werden. Zudem sollten Sie Lenker und Pedale abschrauben.
Filigrane Teile wie Bremsscheiben, Laufräder und Schaltwerk sollten Sie besonders gut sichern.
Schrauben Sie beim Mountainbike gegebenenfalls die Scheiben ab und verpacken Sie diese extra.
Das Schaltwerk ist ebenfalls sicherer, wenn Sie es vorher abschrauben und mit einem Kabelbinder eng an der Kettenstrebe befestigen.
Schalten Sie dazu vorher in den größten Gang. Wenn Sie das Schaltwerk oder andere Komponenten nicht demontieren möchten, umwickeln Sie diese mit viel Verpackungsmaterial (Knallfolie, Zeitungspapier, Schaumstoff), um diese Teile vor Stößen zu schützen.
Besonders hochwertige Rennradalu- oder -Carbonlaufräder sollten sicher verpackt sein. Da die Speichen bei Seitenaufprall leicht kaputtgehen können, nehmen Sie am besten die Achsen samt Schnellspanner heraus und verpacken sie extra.
Den Lenker sollten Sie mit Kabelbindern am Rahmen befestigen, um die Zugbelastung von Brems- und Schaltleitung zu nehmen.
Sichern Sie darüber hinaus alle losen Teile im Karton, damit sie beim Verladen keinen Schaden am Rahmen verursachen können.

Reifengröße für den Tacho messen

Normalerweise gibt es in der Beschreibung Ihres Tachos eine Tabelle der Reifengrößen, die anzeigt, wie der Abrollumfang in den Tacho eingegeben wird. Diese Werte sind von Tacho zu Tacho unterschiedlich. Wenn Sie die Reifengröße Ihres Fahrrads ganz genau messen möchten, tun Sie dies am besten manuell. Zeichnen Sie dazu mit Kreide einen Strich auf den Mantel und auf den Boden, dann schieben Sie Ihr Rad geradeaus. Wenn der Strich wieder am Boden ankommt, markieren Sie diese Stelle und messen die Distanz zwischen beiden Markierungen am Boden. Den gemessenen Wert geben Sie dann in Millimeter in Ihren Tacho ein. Einige Tachos können die Zahl in Zoll verlangen. In dem Fall müssten Sie den gemessenen Wert durch 2,54 teilen. Zur Anbringung des Tachos lesen Sie bitte die Gebrauchsanweisung.

Tipp
Wenn Sie sich beim Schieben auf Ihr Rad setzen, wird der Reifenumfang noch genauer gemessen. Besonders breitere MTB-Reifen federn etwas ein, was eine geringe Abweichung mit sich bringt.

Reinigung Trinkflasche und Trinkblase

Beim Radfahren sollten Sie, wie in allen anderen Sportarten auch, ausreichend viel trinken. Neben der klassischen Fahrradflasche haben sich Trinksysteme etabliert, die man im Rucksack verstauen kann und die über einen Schlauch Flüssigkeit spenden. Beide Systeme sollten stets sauber und trocken gelagert werden, damit sich keine Bakterien bilden können. Zum Reinigen verwenden Sie am besten warmes Wasser und Spülmittel.
Das Trinksystem sollte sich auf jeden Fall mit einer Hand bedienen lassen. Trinkflaschen mit zusätzlichem oder gar aufgeschraubtem Deckel sind ungeeignet, da man zum Trinken beide Hände vom Lenker nehmen muss.

Trinkflaschen

Um eine Trinkflasche hin und wieder zu entkeimen, reinigen Sie diese mit warmem Wasser und ein wenig Spülmittel und spülen Sie sie danach gründlich aus.
Dann füllen Sie heißes Wasser aus der Leitung ein und werfen eine oder zwei Gebissreinigungstabletten hinein.
Lassen Sie die Flasche nun über Nacht so stehen und spülen sie danach mit klarem Wasser aus.

Tipp

Achten Sie beim Kauf einer Trinkflasche unbedingt auf eine große Flaschenöffnung, wenn der Trinkverschluss abgeschraubt ist. So können Sie die Flasche besser reinigen, auch mit einer Bürste. Flüssigkeiten lassen sich zudem besser einfüllen, ohne dass etwas danebengeht.

Plastikflasche

+ Man kann sich das Getränk unter höchster körperlicher Belastung in den Mund drücken, ohne dabei durch Saugen zusätzlich außer Atem zu kommen.
+ Ist leichter als Alu.
- Reines Wasser könnte einen leichten Plastikbeigeschmack annehmen.

Aluflasche

+ Geschmacksneutral.
+ Es gibt sie auch thermo-isoliert.
- Kann im Flaschenhalter klappern.
- Man sieht nicht von außen, wann sie leer sind und wenn sie innen verschmutzt sind.

Trinkblasen

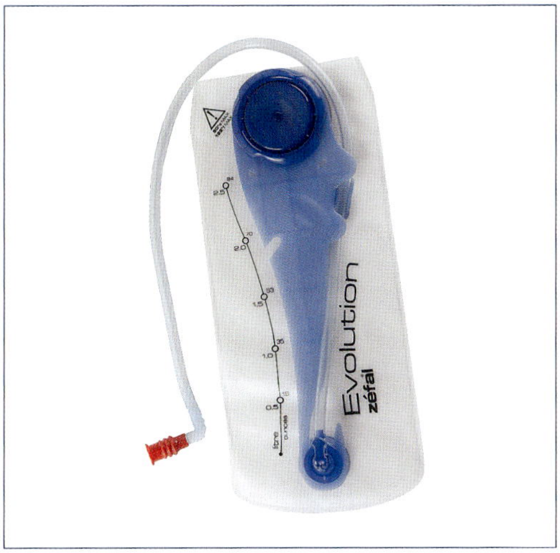

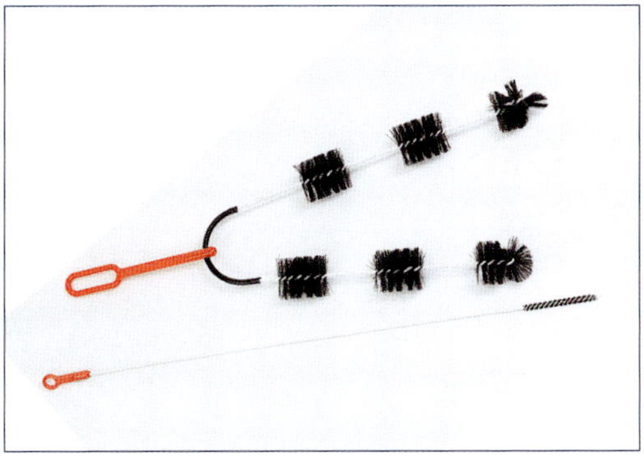

Um eine Trinkblase für den Rucksack sauber zu halten, gehen Sie ähnlich wie bei der Trinkflasche vor. Für die gründliche Reinigung von Blase und Trinkschlauch bieten die Hersteller diverse Arten von Bürsten und sonstigem Zubehör an.
Achten Sie bei der Trinkblase darauf, dass sie nach dem Reinigen vollständig austrocknen kann. Andernfalls wird sie zu einem Herd für schädliche Bakterien. Auch hierzu gibt es mittlerweile praktische Zubehörteile, die die Blase zum Trocknen aufspannen und gleichzeitig als Aufhänger dienen.

Tipp

Legen Sie den Trinkschlauch hin und wieder über Nacht in den Gefrierschrank. So können ebenfalls schädliche Bakterien abgetötet werden.

Erste Hilfe

Beim Fahrradfahren wie auch in allen anderen Alltagssituationen können Sie in eine Unfallsituation kommen. Sie sollten darauf vorbereitet sein, Menschen in Not helfen zu können. Die ersten Hilfsmaßnahmen, die an Ort und Stelle eingeleitet werden, bezeichnet man als Erste Hilfe. Hierbei ist es wichtig, ruhig, umsichtig und bedacht zu handeln.

Zuerst sollten Sie Ihre Gedanken ordnen und sich einen Überblick über die Unfallstelle verschaffen. Sich selbst nicht in Gefahr zu bringen hat oberste Priorität. Dann können Sie Ihre ersten Schritte planen und klare Entscheidungen treffen. Benutzen Sie Ihren gesunden Menschenverstand. Notfallkarte ULP (siehe Bild) am besten ausschneiden und einlaminieren.

ERSTE HILFE GUIDE

1. **Notruf europaweit: 112, Schweiz: 144**
2. **Folgende Angaben sind wichtig:**
   - **Wo ist es passiert?**
   - **Was ist passiert?**
   - **Wie viele Verletzte/Erkrankte?**
   - **Welche Verletzungen?**
   - **Warten auf Rückfragen!**
3. **Absicherung der Unfallstelle nicht vergessen. Sind alle Gefahren beseitigt?**
   Gegebenfalls den Verletzten aus der Gefahrenzone raus bringen:
   - Ans Kopfende stellen
   - Mit Händen weit unter Schulter/Hals/Kopf des Betroffenen greifen und seinen Oberkörper mit Schwung aufrichten
   - Betroffenen mit dem Bein von hinten abstützen
   - Unter seinen Achseln durchgreifen und ihn möglichst am unverletzten Unterarm mit beiden Händen fassen. Dabei darauf achten, dass mit allen Fingern (inkl. Daumen) von oben überhakt (Affengriff) und dass die Hände möglichst weit auseinander liegen.
   - Den Betroffenen zu einer sicheren Stelle ziehen und auf einen flachen Untergrund legen, möglichst auf eine Rettungsdecke.
4. **Bei eventuellen Rückenverletzungen nur bewegen wenn es zur Ohnmacht kommt, sonst nicht!!**
5. **Kontrolle der Vitalfunktionen**
   - Ansprechen
   - Leichtes berühren
   - Backe zwicken
   - **Falls keine Reaktion, sofort jemanden beauftragen Hilfe zu holen!**
   - Handschuhe zum persönlichen Schutz anziehen
   - Helm des Bikers ausziehen, falls vorhanden!
   - Mund auf Inhalt überprüfen, ggf. leer räumen!
   - Dabei Daumen in die Wange drücken um ein evtl. Zubeißen zu verhindern. Bei Mundsperre, Fingerkuppen unterhalb des Kinnes vorne reindrücken!
   - Kopf überstrecken (Griff: Eine Hand auf Stirn, eine Hand unter das Kinn, langsam nach hinten überstrecken.
   - Atmung 10 sek. lang prüfen.(spüren, hören und Brustkorb beobachten)
   - **Atmung ist da? Dann stabile Seitenlage:**

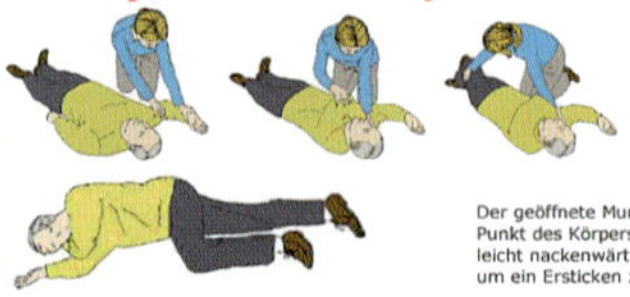

Bei der Drehung den Kopf des Bewusstlosen so mitdrehen, dass dieser nicht auf den Boden fällt

Der geöffnete Mund muss tiefster Punkt des Körpers und der Kopf leicht nackenwärts gebeugt sein, um ein Ersticken zu verhindern!

6. **Falls Atmung nicht da ist: Beatmung!**
   Setzt auch nach Freimachen der Atemwege durch Überstreckung des Kopfes keine Eigenatmung ein, benötigt der Betroffene Beatmung.
   - Betroffenen auf den Rücken drehen
   - Freie Atemwege durch Überstreckung sichern
   - Neben dem Betroffenen Knien
   - Erneut Atmung überprüfen
   - Falls vorhanden, Lifekey nutzen (Mundschutz siehe 1. Hilfe Set)
   - Mund des Betroffenen öffnen und die Nase verschließen
   - Mit dem Mund die Mundöffnung des Betroffenen umschließen
   - 2 x langsam beatmen, bis der Brustkorb sich sichtbar hebt
   - Vergewissern ob Kreislaufzeichen da sind: Husten, Bewegung, Atmung
   - Falls Atmung anspringt, in stabile Seitenlage bringen und darauf achten, dass der Kopf immer überstreckt ist. Stetig kontrollieren und Atmung prüfen bis Hilfe kommt!
7. **Falls keine Regung dann Herz-Lungen-Wiederbelebung:**
   - Betroffenen auf eine harte Unterlage legen
   - Oberkörper freimachen
   - Seitlich knien
   - Druckpunkt suchen, dieser befindet sich in der Mitte der unteren Brusthälfte
   - Handballen auf den Druckpunkt legen, die zweite Hand auf die erste Hand, Arme strecken, die eigenen Schultern senkrecht über den Druckpunkt bringen
   - Die Beugung zum Drücken erfolgt aus dem Hüftgelenk
   - **Jeweils 30 Druckmassagen durchführen (ca. 4-5 cm tief drücken), dann 2 x beatmen**
   - Herz-Lungenmassage durchführen bis Hilfe kommt oder man am Ende seiner Kräfte ist. Falls andere Teilnehmer vor Ort, können diese übernehmen.
8. **Basismaßnahmen:**
   - Immer die Eigenwärme des Betroffenen erhalten, z.B. durch Rettungsdecke
   - Trösten und Betreuen, niemals alleine lassen, auch nicht bei geringen Verletzungen! Sagen, dass man da ist. Körperkontakt suchen. Verletzten abschirmen und mit ihm sprechen.
   - Falls der Betroffene auf den Kopf gefallen ist, ihn auch während der nächsten Stunden und Tage gut beobachten. Hirnblutungen zeigen oftmals erst später Wirkungen.
9. **Stillung bedrohlicher Blutungen**
   → auf Eigenschutz achten und Einmalhandschuhe anziehen
   ‼ An den Gliedmaßen ‼
   1. **Hochhalten**
   2. **Abdrücken der Schlagader** auf dem darunter liegenden Knochen:
      - Am Oberarm: In der Innenseite des Oberarms, in der Furche zwischen Beuger (Bizeps) und Strecker (Trizeps) abdrücken
      - Am Oberschenkel: In der Leistenbeuge ungefähr in der Mitte abdrücken
   3. **Druckverband**
      - Wunde mit steriler Kompresse abdecken
      - Mit ein bis zwei Umwicklungen einer elastischen Binde Kompresse fixieren
      - Direkt auf die Stelle der Wunde ein Druckpolster (z.B. eingepackte Mullbinde, nicht saugfähig) legen
      - Mit elastischer Binde fest auf die Wunde drücken und fixieren

   ‼ An Kopf, Hals oder Rumpf ‼
   - Kein Druckverband → sterile Kompresse auf Blutung pressen

Generell dürfen alle Wunden nur gestillt und verbunden werden, bitte keine Wunddesinfektion machen, keine Gegenstände entfernen (auch keine Kieselsteine) und keine Medikamente (auch keine Globuli etc.) verabreichen! Falls gewünscht kann das der Teilnehmer selbst machen.

10. **Schock**
    Zeichen eines Schocks
    - Blasse und kaltschweißige Haut
    - Zittern, frieren
    - Unruhe, Angst
    - Beschleunigte Atmung
    - Herzrasen
    - Evtl. Bewusstseinsstörungen

    Maßnahmen zum Handeln
    - Ursache beheben (z.B. Blutung stillen)
    - Schocklage: flach auf den Rücken legen und entweder die Beine hoch lagern oder den ganzen Körper in leichte Kopftieflage bringen
    - **Achtung! Sollte eine Störung der Herztätigkeit (Schmerzen in der Brust) oder der Atmung (Atemnot) die auslösende Ursache sein, wird der Betroffene mit erhöhtem Oberkörper gelagert. Ebenso beim Herzinfarkt (Zeichen hierfür sind blaue Lippen, Atemnot, Todesangst, Schmerzen im Oberkörper)**
    - TN nicht weiterfahren lassen, ggf. Notruf
11. **Hitzschlag:** Passiert durch Überhitzung des Körpers. Zeigt sich durch hochroten Kopf, trockene, rote, warme Haut. Betroffenen in Schatten bringen, Flüssigkeit einflößen. Bitte aufpassen, der Hitzeschlag kann in einen Schock übergehen. TN nicht weiterfahren lassen, ggf. Notarzt (wenn bewusstlos, wenn Körpertemperatur massiv ansteigt, ...).
12. **Hitzeerschöpfung:** Zeigt sich durch Übelkeit, Kopfschmerzen, Schwindel, Krämpfe, Blässe. Schatten, Flüssigkeit, TN nicht mehr weiterfahren lassen, da Hitzeerschöpfung in Hitzschlag übergehen kann.
13. **Nutzung der Wärmedecke:**
    Goldseite außen wärmt
    Goldseite innen kühlt

Alpines Notsignal

Signal: 6 x pro Minute ein Zeichen geben, 1 Minute Pause, Signale wiederholen (Pfeifen, Rufen, Licht).

Antwort: 3 x pro Minute, 1 Minute Pause

Auf Tour sollten Sie immer ein umfangreiches Erste-Hilfe-Set dabeihaben. Häufig reichen die kleinen Sets für den normalen Freizeitgebrauch nicht aus. Rüsten Sie also Ihr Verbandstäschchen gegebenenfalls nachträglich mit Verbandsmaterial aus dem Drogeriemarkt nach.

Wundversorgung

- Starke Blutung, dicke Wundauflage! Ausreichend Kompression, aber nicht abbinden!
- Wunde nicht berühren – Infektionsgefahr!
- Tiefe Wunden nicht auswaschen!
- Keine Pulver oder Salben zur Desinfektion verwenden!
- Tief sitzende Fremdkörper nicht herausnehmen!
- Ärztliche Versorgung innerhalb de ersten 6 Stunden anstreben!

Schürfwunden

- Mit keimfreiem Verbandsmaterial abdecken.
- Nach Ankunft am Zielort von Luft trocknen lassen.

Schnitt- und Platzwunden

- Blutung stillen.
- Keimfreie Wundauflage, ggf. Druckverband.
- Hochlagern (über Herzniveau).
- Wundreinigung in einer medizinischen Einrichtung.

Prellungen

- PECH-Regel: Pause – Eis – Kompression – Hochlagerung.

In Ihrem Erste-Hilfe-Set zum Biken sollten folgende Dinge enthalten sein:

- fünf bis zehn sterilisierte Wundauflagen
- zwei bis drei Verbandspäckchen
- zwei bis drei Brandwundenverbandstücher (diese sterilisierten Tücher werden verwendet, um großflächigere Wunden abzudecken)
- zwei bis drei elastische Mullbinden
- Pflaster und Schere
- eine Rolle Textilklebeband
- ein Dreieckstuch
- Desinfektionsmittel, z. B. Betaisodona-Lösung
- eine Rettungsdecke (mit der silbernen Seite nach innen können Sie einen Patienten warm halten, mit der goldenen Seite nach innen können Sie ihn vor Sonneneinstrahlung schützen und bei Hitze kühlen; außerdem eignen sich diese Decken, um einen Patienten zu tragen)
- Latexhandschuhe zum Eigenschutz vor Infektionen
- Traubenzucker, z. B. als schnellen, ersten Energielieferanten in Schocksituationen oder bei einem massiven Hungerast
- eine Trillerpfeife (mit dieser können Sie sich akustisch bemerkbar machen)
- eine Karte mit den Nummern der örtlichen oder landesspezifischen Rettungsnummern (zwar funktioniert die 112 mittlerweile fast in ganz Europa, schneller geht es jedoch, wenn Ihr Anruf bei einer örtlichen Rettungsstelle ankommt)
- eventuell ein paar Wärmepads, die durch Zusammendrücken über einen längeren Zeitraum Wärme erzeugen (mit drei dieser kleinen Kissen unter den Achseln und im Schritt erzeugen sie bei einem Patienten einen sehr günstigen Wärmehaushalt)

Erste Hilfe beim Fahrrad

Geplatzter Schlauch

Auch wenn Sie keinen Ersatzschlauch dabeihaben oder Sie Ihren letzten schon verbraucht haben, können Sie sich mit einem verknoteten Schlauch bis ins Ziel retten. Durch das Aufpumpen des Schlauchs finden Sie die undichte Stelle und markieren diese. Schneiden Sie nun genau an der Stelle den Schlauch in zwei Teile und verknoten die beiden Enden. Versuchen Sie so wenig Schlauchlänge wie möglich zu verschwenden, da der verkleinerte Durchmesser den Einbau erschwert. Fahren Sie unbedingt langsam weiter.

Ausgestopfter Reifen

Wenn auch die Knotenmethode versagt, hilft nur noch das ökologische Prinzip. Entfernen Sie als Erstes den Mantel und den Schlauch von der Felge. Stopfen Sie nun so viel Gras wie möglich in den Fahrradmantel, komprimieren Sie immer wieder das Gras und stopfen neues hinzu und ziehen Sie den Mantel wieder auf die Felge. Fahren Sie langsam zur nächsten Werkstatt, um einen Felgenschaden zu vermeiden.

Schlitz im Mantel

Bei einem aufgeschlitzten Fahrradmantel nützt auch ein neuer Ersatzschlauch nicht viel. Versuchen Sie auf jeden Fall, die defekte Stelle entweder mit einer großen Nadel zu nähen, obwohl es eher unwahrscheinlich ist, auf einer Tour ein Nähset dabeizuhaben. Eine andere Möglichkeit ist die beschädigte Stelle zu unterlegen. Eignen dafür würden sich zum Beispiel Kreditkarten, Liftkarten oder das Papier von Energieriegeln. Das ausgesuchte Plastikteil wird einfach unter den Schlitz geschoben, nützlich ist auch, es mit einem Klebeband zu fixieren, um ein Verrutschen zu vermeiden.

Felgenachter

Es kommt nicht selten vor, dass man von einer Tour mit einem Achter im Reifen zurückkommt. Eine selbstständige Grobzentrierung wird während der Tour notwendig, wenn der Reifen am Rahmen oder der Gabel schleift. Bauen Sie das Rad aus und biegen Sie die Verformung unter dem Druck der Füße aus.

Verbogene Bremsscheibe

Die Bremsscheibe kann sich durch einen Sturz oder durch das Hängenbleiben an Wurzeln/ Steinen verbiegen. Ist sie so stark verbogen, dass sich das Laufrad nicht mehr drehen kann, müssen Sie per Hand versuchen, die Scheibe wieder zurechtzubiegen. Dazu ist es gut, Handschuhe zu tragen, um sich und die Disc zu schützen. Für ein besseres Ergebnis nutzen Sie die Speichen als Widerlager.

Gebrochene Speiche

Auch eine gebrochene Speiche tut Ihrer Tour keinen Abbruch. Dennoch sollten Sie die Bruchstücke entfernen. Für den Fall, dass das Nippelgewinde nicht verrostet ist, können Sie die Reste aus dem Gewinde fädeln oder herausdrehen. Falls sich die Reste nicht ohne Werkzeug entfernen lassen, wickeln Sie den Draht um die benachbarte Speiche. Ziehen Sie zu Hause unbedingt eine neue Speiche ein.

Verbogenes Schaltauge

Ein verbogenes Schaltauge erkennen Sie an willkürlichen Schaltvorgängen und einem lästigen Rattern. Mit einem 5er-Inbus vom Minitool können Sie das Schaltauge vorsichtig biegen, bis es gerade steht. Sollten Sie kein Werkzeug dabeihaben, hilft vielleicht das Hinterrad eines Gefährten. Oftmals haben Naben älterer Generationen ein Gewinde, welches genau in das Schaltauge passt. Drehen Sie das Gewinde hinein und biegen es über den großen Hebel der Felge, bis beide Räder parallel stehen.

Weiterfahren ohne Schaltwerk

Um mit einem gebrochenen Schaltwerk oder ausgerissenen Schaltauge weiterfahren zu können, müssen Sie Ihr Rad auf ein Singlespeeder umbauen. Dazu müssen Sie mithilfe eines Kettennieters die Kette öffnen, montieren Sie das Schaltwerk und die Schaltzüge ab und verstauen Sie diese. Jetzt müssen Sie die Kette auf eine angemessene Länge kürzen. Ein guter Mittelweg ist das mittlere Kettenblatt und ein mittleres Ritzel. Die Fully-Fahrer sollten den Dämpfer blockieren und den Luftdruck erhöhen, um ein Reißen der Kette zu vermeiden. Lassen Sie die Kette ruhig etwas durchhängen.

Chainsuck

Bei einem Chainsuck verklemmt sich die Kette zwischen dem Kettenblatt und der Kettenstrebe. Es tritt häufig beim Herunterschalten vom mittleren auf das kleinste Kettenblatt unter Last oder bei schlammigen Verhältnissen auf. Zunächst sollten Sie versuchen, die Kette mit der Hand zu befreien. Falls dies nicht möglich ist, können Sie mit Spezialwerkzeug die Kurbel abbauen. Haben Sie kein Werkzeug zur Hand, hilft nur noch rohe Gewalt, dabei sollten Sie aber darauf achten, dass sich die Kette nicht verbiegt.

Freilauf defekt

Um einen defekten Freilauf zu reparieren, brauchen Sie Kabelbinder oder Schnürsenkel. Verbinden Sie die Speichen auf der Ritzelseite so fest wie möglich mit dem größten Ritzel. Sie sollten sehr vorsichtig weiterfahren und bergauf besser schieben. Achtung: Bergab können Sie nicht aufhören zu treten, da der Freilauf fixiert ist.

Schaltzug gerissen

Dass ein Schaltzug reißt, ist eher selten. Das Problem kann schnell gelöst werden, wenn Sie eine Lüsterklemme zur Hand haben.

Hat man diese nicht zur Hand, können Sie versuchen, den Zug an den Flaschenhalterschrauben festzuklemmen. Mithilfe von Kabelbinder oder Klebeband können Sie den Zug ebenso fixieren.

Hiermit können Sie den Schaltzug auf Spannung halten, damit das/der Schaltwerk/Umwerfer die Kette auf der gewählten Position hält.

Fahrradanhänger für Kinder

Welcher Fahrradanhänger ist der richtige?

Die Antwort hängt von vielen Komponenten ab. Das erste Auswahlkriterium sollte die Anzahl der zu transportierenden Kinder sein. Der Vorteil eines Einsitzers ist die Wendigkeit und bessere Handhabung. Die meisten einsitzigen Hänger lassen sich zusammenfalten und sind so gut in jedem Kofferraum transportierbar. Beim Kauf sollte man darauf achten, dass man den Hänger ohne Werkzeug zerlegen kann. Für einen Zweisitzer spricht mehr Platz für das Kind oder extra Stauraum. Die nächste Überlegung gilt dem Einsatzort und Zweck: Wird der Anhänger zu längeren Touren, Bergfahrten oder im Alltag verwendet? Es gibt Hänger mit zwei unterschiedlichen Bodenbeschaffenheiten. Die stoffbespannten Wagen bieten sich eher für längere Touren an und sind ebenso zum Joggen und Skaten geeignet. Hänger mit Wannen wiederum sind sicherer, haltbarer und lassen sich besser reinigen. Es lassen sich auch besser schwere Lasten transportieren. Bei Unfallsimulationen schneiden Hänger mit einer festen Wanne deutlich besser ab.

Auf nicht so gut befahrbaren Straßen mit Schotter und Kopfsteinpflaster wäre eine Federung wichtig, um die Belastung für den Rücken des Kindes zu minimieren.
Bei einem guten Anhänger sollten die Kinder möglichst tief sitzen. Ein niedriger Schwerpunkt und breite Achsen schaffen Kippsicherheit. Ebenso wichtig sind die Überrollbügel, falls der Anhänger doch mal kippt.
Die Gurte sind ebenfalls ein Auswahlkriterium. Sie sollten darauf achten, dass die Schlösser leicht zu bedienen sind, aber trotzdem nicht von den Kindern geöffnet werden können. Standardmäßig sollten die Hänger mit 3-Punkt-Gurten ausgestattet sein.
Wenn Sie bei jedem Wetter unterwegs sein wollen, sollten Sie auf den Wetterschutz des Hängers achten. Optimale Ausrüstung wäre ein Kälte-, Regen- und Sonnenschutz, sowie ein Fliegen- bzw. Moskitonetz.
Bedenken muss man weiterhin die Unterstellung des Anhängers und die Kompatibilität des Zugrads. Nicht jeder Anhänger passt an jedes Fahrrad.
Auch Babys können in einem Anhänger mitgenommen werden, wenn sie zusätzlich in einer Babyschale sitzen. Sie sollten aber darauf achten, dass die Kinder alt und stark genug sind, um ihr eigenes Köpfchen zu halten.
Grundsätzlich gilt: Machen Sie genügend Pausen, in denen die Kinder krabbeln, laufen und spielen können.

Worauf sollte man vor einer Tour achten?

Bevor Sie eine Tour mit einem Anhänger planen, sollten Sie auf einige Dinge achten:

- Fahren Sie ein paar Proberunden, damit Sie sich auf das neue Fahrverhalten und die Eigenheiten einstellen können.
- Checken Sie alle Verbindungen und Klemmvorrichtungen.
- Die Kupplung muss in einem einwandfreien Zustand sein, ebenso sollte die Kupplung mit einer Zusatzsicherungsleine verbunden sein, um einen Kupplungsdefekt aufzufangen.
- Wenn ein Anhänger mit Bremsen ausgestattet ist, müssen diese regelmäßig überprüft werden.
- Die Beleuchtung muss intakt sein, es sollten mindestens zwei Rücklichter angebracht werden, ein Wimpel sorgt ebenfalls für Auffälligkeit.
- Das Zugrad muss sich in einem fahrtüchtigen Zustand befinden, es sollte mit modernen und leistungsfähigen Bremsen ausgestattet sein.
- Das Gesamtgewicht des Hängers sollte 40 Kilogramm nicht überschreiten.
- Der Fahrer muss über 16 Jahre alt, die Insassen sollten nicht über 7 Jahre sein.
- Bei Touren im Ausland sollten Sie genaue Informationen über die Rechtslage im Straßenverkehr für das jeweilige Land einholen.

Worauf sollte man während einer Tour achten?

- Vergewissern Sie sich, dass die Gurte geschlossen sind und fest und sicher sitzen.
- Auch auf Helme sollten Sie im Anhänger nicht verzichten.
- Der mit dem Regenverdeck oder Moskitonetz geschlossene Anhänger ist besser geschützt vor aufwirbelnden Steinen.
- Die Insassen sollten nicht in die Speichen greifen können und auch keinen Bodenkontakt haben.
- Fahren Sie in einem angemessenen Tempo und bremsen Sie vor den Kurven ab, um ein Kippen des Hängers zu vermeiden.
- Überfahren Sie Hindernisse langsam und wenn möglich mit beiden Rädern gleichzeitig.

Kupplungstypen

Die Kupplung ist das einzige Bindeglied zwischen dem Fahrrad und dem Anhänger. Bei unterschiedlichsten Witterungen ist sie enormen Belastungen ausgesetzt, es wirken Zug- und Schubkräfte sowie Querbeschleunigungen auf die Anhängerkupplungen. Ebenso muss die Kupplung in allen drei Ebenen beweglich sein. Bei Abfahrten oder Steigungen muss sie horizontal, bei Kurvenfahrten seitlich anpassungsfähig sein. Da sich das Fahrrad auch seitlich neigen kann, ist es von Vorteil, wenn sich die Kupplung auch in der Längsachse drehen lässt.

Achskupplung

Jeder Markenhersteller hat eine zweiteilige Achskupplung. Die Kugelpfanne wird fest an der Hinterradachse des Zugrads befestigt und durch das Einschieben der deichselseitigen Kugel verbunden. Beides wird mit einem Splint gesichert.

Weberdeichsel mit Weberansatz

Auch dieses Kupplungssystem ist zweiteilig. Das fahrradseitige Kupplungselement ist fest am Fahrrad angebaut. Die anhängerseitige Deichsel ist mit einem Einhand-Bajonett-Schnellverschluss abschließbar und besticht durch seine hohe Belastbarkeit. Auch in extremen Situationen, wie Umfallen des Fahrrades ist eine Zugtrennung ausgeschlossen.

Weberkupplungen

Die »Kupplung B« hat zusätzlich zum fahrradseitigen Kupplungselement einen integrierten und verstellbaren Hinterbauständer. Damit ist ein sicheres Abstellen gesichert, praktisch für das Ein- und Aussteigen.

Die »Kupplung E« ist ebenfalls eine Kupplung an der Hinterradachse, falls die Kupplung B nicht passt oder schon ein Seitenständer am Fahrrad montiert ist.

Taschen

Satteltaschen sind praktisch, wenn man nicht mehr Gepäck als nötig mit auf eine Tour nehmen möchte. Der Verwendungszweck sollte vor dem Kauf gut überlegt sein. Benötigen Sie die Satteltasche nur für die wichtigsten Dinge, um bei einem Defekt gut gerüstet zu sein, reicht eine kleine Tasche für Ersatzschlauch, Miniwerkzeug und Flickzeug. Bei einer größeren Satteltasche können Sie auch noch einen Energieriegel, Handy und einen Schlüssel mitnehmen. Wichtig ist, dass Sie alles unterbekommen und die Tasche Sie nicht beim Fahren behindert. Außerdem sollte sie aus einem robusten Material bestehen und wasserdicht sein. Praktisch ist auch eine einfache Anbringung am Sattel.
Meist wird die Tasche an dem Fahrradsattel oder der Sattelstütze befestigt. Die gängigsten Befestigungssysteme sind eine Anbringung mittels Schlaufen oder einem Klickmechanismus an den Sattelstreben oder eine Anbringung an der Sattelstütze mit zusätzlicher Befestigung an den Sattelstreben.

Fahrradtaschen

Für eine längere Tour sind Satteltaschen praktisch. Volle und schwere Rucksäcke drücken auf den Schultern, schlenkernde Einkaufstaschen beeinträchtigen die Fahrsicherheit und erhöhen das Risiko eines Sturzes. Seinen Ursprung haben die Taschen aus früheren Jahren, als man viel mit Pferden oder Packeseln unterwegs war. Die klassischen Satteltaschen gibt es heute immer noch, nur sind sie trendiger und funktionaler. Es gibt sie in zahlreichen Modellen und Farben. Sie können unterscheiden zwischen Hartschalen und robustem Polyestergewebe sowie die Taschen einseitig oder beidseitig am Fahrrad befestigen. Bei der Auswahl einer Tasche sollten Sie auf die Größe und das damit mögliche Ladevolumen achten. Ebenso sollten Sie ein Auge auf die Verarbeitungsqualität sowie eine gut durchdachte Befestigungsmöglichkeit haben. Beim Anbringen ist es wichtig, dass keine Riemen in die Speichen gelangen können.

Lenkertaschen

In einer Lenkertasche können Sie Dinge verstauen, die Sie bei einer Tour schnell griffbereit haben wollen. Dort ist genügend Platz, um das Handy, die Fotokamera oder eine Regenjacke zu verstauen. Die meisten Lenkertaschen sind mit einer transparenten Schutzhülle für Karten ausgestattet. Dies ermöglicht ein Ablesen während der Fahrt und schützt die Karte vor Feuchtigkeit und Schmutz. Viele Taschen werden mit einem Klickbefestigungsmechanismus vor dem Lenker montiert. Die Lenkertasche rastet in einen Adapter ein und garantiert auch bei schnelleren Fahrten einen sicheren Halt. Bei der Beladung sollten Sie darauf achten, dem Lenker nicht allzu viel Last aufzuladen. Der Fahrer muss unbedingt vorsichtig und langsam fahren, um sich an das veränderte Fahrverhalten zu gewöhnen.

Tipp

Viele Taschen werden mit einem Schnellverschluss am Fahrrad befestigt, der für verschiedene Taschengrößen geeignet ist. Falls es Ihr Budget zulässt und Sie sich größere und kleinere Taschen zulegen wollen, sind Sie für alle Fälle bestens ausgerüstet. Um sich vor einem Diebstahl der Taschen zu schützen, können Sie mit speziellen Sicherheitsschlössern die Fahrradtaschen fest am Rad montieren.

GPS-Navigation bei Radtouren

Himmlische Wegweisung

Ob auf dem Reiserad, dem Rennrad oder dem Mountainbike, die Orientierung auf Touren gehört zum Handwerk. Waren Sie früher auf Karte und Kompass angewiesen, heißt heute der große Trend GPS-Navigation.
Viele Menschen assoziieren GPS (Global Positioning System) mit abenteuerlichen Expeditionen und der Orientierung weit außerhalb der Zivilisation. Früher war das auch richtig. Heute hat sich das GPS nicht nur als »Navi« im Auto durchgesetzt, auch als Instrument bei Mountainbike- und Radtouren auf der Straße wird es immer beliebter. Dabei gibt es mehrere Möglichkeiten, wie man den kleinen, himmlischen Wegweiser nutzen kann:

Streckenaufzeichnung

Man verwendet ihn nur, um die zurückgelegte Strecke – inklusive Wegverlauf – aufzuzeichnen.
Die einfachsten GPS-Geräte kosten heute unter 100 Euro. Mit einer Halterung für den Fahrradlenker ersetzen sie nicht nur einen einfachen Fahrradtacho (Zeit, Kilometer, Geschwindigkeit), sie zeigen auch die aktuelle Fahrtrichtung an und können Wegpunkte (z. B. eine Kreuzung oder einen Gasthof) sowie die eigentliche Fahrstrecke speichern – man erzeugt einen Track. Ein Track ist eine Art »digitales Logbuch«, das im GPS-Gerät während einer Tour aufgezeichnet wird. Diese Aufzeichnung können Sie abspeichern und später zur Navigation vor Ort wieder aufrufen. Tracks können selbst aufgezeichnete Daten sein, aber auch von anderen Radlern stammen.

Trackback-Funktion

Sie nehmen das GPS mit, um im Falle des Verirrens den Weg zurück zum Ausgangspunkt zu finden. Der Track wird sozusagen »umgekehrt« und führt einen zum Ausgangspunkt zurück. Bereits die einfachsten Geräte bieten diese Funktion.

Track-Navigation

Sie bietet einen tollen Kompromiss aus einfacher Handhabung und hohem Nutzen. Daher steigt auch die Beliebtheit dieser Anwendung rasant an. Da Sie auf dem GPS-Gerät Ihre Tracks speichern und von dort auf den Computer übertragen können (und umgekehrt), haben sich großartige Möglichkeiten entwickelt: Im Internet gibt es mittlerweile ein riesiges Angebot an Tracks und es wird täglich größer! Viele Fremdenverkehrsinstitutionen, Hotels und vor allem spezielle Tourenportale bieten sie kostenlos an (einige auch kostenpflichtig). Es gibt sogar bei einigen Portalen Planungs-Tools, bei denen Sie aus einzelnen Streckenabschnitten Ihre Wunschtour basteln können. Sagt einem eine Tour zu, so sind es nur wenige Schritte, bis Sie ihr auf dem eigenen GPS-Gerät folgen können – ohne aufwendige Planung am Kartentisch zu Hause und ohne nervige Navigationsstopps unterwegs.

Was brauchen Sie?

- PC/Mac mit Internetzugang (am besten DSL)
- USB-Kabel
- GPS-Gerät mit USB-Schnittstelle, besser noch ein kartentaugliches GPS-Gerät, vorzugsweise mit Farbdisplay
- Programm
- Optional: digitale Landkarte

Die einzelnen Schritte

- Das GPS-Gerät einschalten. Im Hauptmenü den Punkt «TRACKS« auswählen. Bei einfachen Geräten sollten idealerweise zuerst alle alten Daten gelöscht werden: Arbeitsspeicher (bzw. Active Log oder Speicherbelegung) und die bereits gespeicherten Tracks im Gerät. Dies dient dazu, dass alte Tracks nicht mit neuen verbunden werden. Bei neueren Geräten gibt es reichlich Speicherplatz.
- PC/Mac und GPS-Gerät mit USB-Kabel verbinden, das Programm sowie den Webbrowser starten.
- Track auf einem Internet-Tourenportal suchen (oder eigenen, gespeicherten Track verwenden) und im passenden Format übertragen. Am weitaus gebräuchlichsten ist das »GPX«-Format, im Notfall gibt es aber auch »Übersetzungsprogramme«.
- Am Ausgangspunkt der Tour das GPS-Gerät einschalten. Jetzt werden die Satelliten gesucht und es müssen mindestens drei gefunden werden, um die Position zu bestimmen. Man darf sich nicht in einem Gebäude befinden und sollte möglichst freie Sicht zum Himmel haben.
- Gewünschten Track im Trackmenü auswählen und die Navigation bestätigen (erscheint, nachdem man den Track mittels OK bestätigt).
- »Zum Anfang« oder »Zum Ende« auswählen – und schon geht's los.
- Die gewünschte Ansicht wählen, Kartenansicht oder Kompass, und der Route bzw. dem Pfeil folgen.
- Die Tour genießen. Alternativ lassen sich auch am PC, inzwischen aber auch mit dem GPS-Gerät, eigene Tracks und Routen erstellen. Abhängig ist das von Karte und Gerät.
- Bei nicht kartentauglichen Geräten wird der Track einfach nur als Linie dargestellt, der man unterwegs folgt. Das ist noch kein Navigationsknüller, aber es funktioniert auch.

Besser wird es mit kartentauglichen GPS-Geräten. Serienmäßig ist auf ihnen meist eine einfache Basiskarte vorinstalliert. Sie verrät einem zwar, wo auf dem Globus man sich befindet, für eine Radtour reicht es aber meist noch nicht aus. Man braucht noch zusätzliches Kartenmaterial (man hat früher ja auch keine Radtour mit dem Weltatlas am Lenker gemacht, sondern die passenden Karten besorgt).

Digitale Landkarten

Sie erarbeiten Ihre Touren daheim am Computer und übertragen dann alles auf das GPS-Gerät.
Eine Landkarte im GPS eröffnet das volle Leistungsspektrum der GPS-Navigation und macht die Biketour zum Genuss. Grundsätzlich unterscheidet man Raster- und Vektorkarten.

Rasterkarten sind nichts anderes als die digitale Version einer gedruckten Karte. Sie haben den Vorteil, dass sie aussehen wie »normale Karten«, man kennt das Bild. Der Nachteil ist, dass, wenn man weit herauszoomt, die Information verschwindet. Sie sehen eigentlich gar nichts mehr. Zoomt man hingegen näher heran, erscheint auch nicht mehr Info, die Karte wird nur irgendwann pixelig. Außerdem sind Rasterkarten nicht oder nur sehr begrenzt »Routing-fähig« (s. u.).

Vektorkarten sind der fortschrittlichere und praktischere Kartentyp. Sie müssen sich zunächst einmal an ein anderes Erscheinungsbild gewöhnen, wobei die neuesten Karten aber auch über eine Schummerung verfügen (= der »Schatten« an einem Berg, der ihn plastisch erscheinen lässt). Dafür bieten sie egal bei welchem Maßstab immer ein gut ablesbares Kartenbild. Sie bekommen beim Hineinzoomen mehr Infos, beim Herauszoomen verschwinden diese zugunsten der Übersichtlichkeit. Und Sie können auch bestimmte Punkte mit Informationen verknüpfen.
Die neuesten Generationen von Vektorkarten sind voll Routing-fähig: Sie schlagen eine bestimmte Strecke auf dem abgebildeten Wegenetz der Karte vor, sobald man einen Start- und einen Zielpunkt definiert. Die teils mühsame Kleinarbeit, die Strecke stückchenweise auf einem angezeigten Weg anzulegen, entfällt somit. Gefällt einem der Routenvorschlag nicht, so lässt sich dieser durch das Setzen von Zwischenpunkten ganz einfach korrigieren.
Aktivieren Sie die Route anschließend auf dem Gerät, gibt einem dieses visuelle Abbiegehinweise. Auf eine Sprachansage muss man bei den Sport- und Outdoor-Geräten derzeit (noch?) verzichten, die meisten Geräte fordern auf Wunsch aber auch durch einen Piepton akustisch zum Abbiegen auf. Mann kann auch ohne digitale Landkarten navigieren. Das ist zwar mit weniger Kosten verbunden (es sind keine digitalen Landkarten erforderlich und

ein einfacheres GPS-Gerät reicht aus), aber dann wird im Display des GPS-Gerätes keine Karte gezeigt, sondern nur der eigene Standort und eine Linie, der man folgen soll. Wenn man keinem eingespeicherten Track oder einer Route folgt, so wird man »auf Luftlinie« gelotst, andernfalls werden Track oder Route schematisch dargestellt. Das klappt zwar auch, ist aber etwas abstrakter als die Arbeit mit digitalen Landkarten.

Topografische Karten zeigen viel mehr Details an und brauchen daher viel mehr Speicherplatz. Deshalb müssen Sie sich Topokarten für GPS extra kaufen, je nachdem, wo Sie hinfahren.

Außerdem enthalten Topokarten viele Informationen, die in Form von Lizenzen bei Landesvermessungsämtern gekauft werden müssen, wenn man nicht alles selbst erfassen möchte. Die Lizenzkosten sind teilweise sehr hoch.
Viele Biker, die zunächst vorsichtig an dem Thema schnuppern, steigen bald richtig ein. Und immer mehr Fahrradfahrer nutzen auch weiterreichende Möglichkeiten wie die Tourenplanung mit Routen und Wegpunkten, sie erstellen Höhenprofile, betrachten ihre Touren auf Google Earth oder ähnlichen Programmen, oder sie kombinieren ihre GPS-Tracks mit anderen Trainingsdaten (Puls, Geschwindigkeit, Höhe etc.). Die Möglichkeiten sind riesig!

INFO

Einige Portale, die eine große Auswahl an Tracks für Radfahrer und oft auch Wanderer anbieten:
www.adfc-tourenportal.de
www.camigolo.de
www.fernwege.de
www.geolife.de
www.gps-tour.info
www.gps-tracks.com
www.gps-world.net
www.gpsies.com
www.outdoor-active.de
www.quael-dich.de
www.tourentipp.de
www.tourwerk.info
www.wanderkompass.de

Routing

Die neuesten Geräte ermöglichen zusammen mit geeigneten Karten das sogenannte »Routing«. Das heißt, man gibt nur Start und Zielpunkt ein und das Gerät erarbeitet dann selbstständig einen Vorschlag für die Strecke.
Dennoch wird das Routing kritisch betrachtet, denn beim Biken gehört eine ausgiebige, detaillierte Tourenplanung einfach dazu. Sie gibt Sicherheit, da Sie sich mit der Strecke beschäftigen. Sie erstellen die Tour entsprechend Ihres eigenen Könnens und können Gefahren von vornherein ausschließen. Das kann einem kein Computer oder GPS-Gerät abnehmen. Langfristig ist ein noch besseres Routing aber durchaus denkbar, dazu müssen aber erst mal all die fehlenden Attribute erfasst werden.

Register

Impressum

Unser Gesamtverzeichnis finden Sie unter:
www.bruckmann.de

Unser komplettes Programm:
www.bruckmann.de

Produktmanagement: Carina Jungchen
Textlektorat: Matthias Eberth, Iffeldorf
Grafiken: Mikka Müller
Graphische Gestaltung: graphitecture book, Rosenheim
Umschlaggestaltung: Studio Schübel Werbeagentur, München
Repro: Cromica sas, Verona
Herstellung: Thomas Fischer
Printed in Italy by Printer Trento S.r.l.

Alle Angaben des Werkes wurden von den Autoren sorgfältig recherchiert und auf den aktuellen Stand gebracht sowie vom Verlag geprüft. Für die Richtigkeit der Angaben kann jedoch keine Haftung übernommen werden. Für Hinweise und Anregungen sind wir jederzeit dankbar.

Bitte richten Sie diese an:
Bruckmann Verlag,
Postfach 40 02 09,
D-80702 München
E-Mail: lektorat@bruckmann.de

Bildnachweis:
Alle Abbildungen des Umschlags und des Innenteils stammen von den Autoren, außer Koga: 3 Bilder Titelseite, S. 10, 11, 16, 17, 18, 20, 67, 74, 114, 115, 118; Cube: S. 2, 3, 4, 8, 9, 31, 72, 73, 112, 113, 115, 119, 122, 127, 128, 129, 139, 161, 162, 163; Rohloff: S. 24; SRAM: S. 13 unten, 37 unten, 52 oben rechts, 152; Shimano: S. 13 Mitte, 15 oben, 29 unten, 44, 52, 60, 78, 96, 102 148, 152, 154, 157, 158; Schwalbe: S. 14 oben, 53 unten rechts, 136; Magura: S. 15 Mitte, 44 rechts oben; Ergon: S. 23; Topeak: S. 25, 86; Pedros: S. 25 unten, 86, 134; Selle Italia: S. 61; Abus: S. 66, 67; Bernd Grasser: S. 136; Cateye: S. 160; Ortlieb: S. 182, 183; Chariot: S. 179, 180, 181; Garmin: S. 184, 185, 186, 187.

Umschlagvorderseite: Tina bei der Kettenpflege
Umschlagrückseite: Das richtige Abschrauben eines Bremsbelagsträgers

Die Deutsche Nationalbibliothek verzeichnet diese Publikation in der deutschen Nationalbibliografie; detaillierte bibliografische Daten sind im Internet über http://dnb-nb.de abrufbar.

ISBN 978-3-7654-5202-4

Die Autoren

Uli Preunkert, geboren und aufgewachsen im hohenlohischen Land, zog das Studium der Elektrotechnik nach München. Seit 1991 ist er als Projekt-ingenieur weltweit tätig. 2003 gründete er den auf Radreisen spezialisierten Reiseveranstalter ULPbike, der 2008 zum Outdoorreiseveranstalter ULPtours erweitert wurde.

Tina Pöschl, geboren 1982 in Höhenkirchen, studierte Diplomsportwissenschaften. 2006 machte sie ihr Hobby zum Beruf und begann als MTB-Guide bei ULPtours. Wenn sie nicht in den Alpen beim Biken ist, hilft sie bei der Tourenplanung. Durch die immer wieder vorkommenden Pannen und Defekte am Fahrrad bei Alpenüberquerungen, hat sie das Fachwissen zum Reparieren.

Philipp Krieger, ein original »Münchner Kindl«, ist gelernter Tontechniker. Seinen Job beim Fernsehen hat er jedoch gegen seine wahre Leidenschaft, den Radsport, getauscht. Er arbeitet mittlerweile beim RABE Fahrradhandel, wo er sowohl in der Werkstatt wie auch im Verkauf tätig ist. Außerdem ist er als MTB-Guide bei ULPtours unterwegs.

Heinz Gsottberger, geboren 1968 in Volkach/Main, ist ein leibhaftiger Unterfranke. Dort lernte er als Zweiradmechaniker und studierte schließlich Volkskunde in Würzburg. Seine Leidenschaft für den Rennsport auf zwei Rädern bestimmte weitgehend sein Leben. Heute arbeitet er als Fahrradmechaniker bei München und erzieht hauptberuflich seine beiden Söhne.